사랑해, 평양냉면

홍현규 지음

각자가 느끼는 평양냉면이 정답이다

세상 참 재밌다. 그저 냉면이 좋아서 먹으러 다녔더니 생각지도 못한 책까지 쓰게 됐다. 덕분에 지인들은 '먹는 것도 너처럼 한 우물만 파야 뭐가 되나 보다'라고 칭찬인지 뭔지 모를 농담을 건네기도 한다. 남들처럼 게임이나 드라마 같은 것에 일절 관심이 없고, 남들 좋아하는 걸 애써 따라 하려고 노력하지 않는다. 대신 흥미를 느끼는 분야가 생기면 어려워도 끝장을 보는 성격인데 우습게도 냉면이 그중 하나다. 세상에는 멋지고 그럴싸한 것들이 쌓여 있는데 냉면이라니……. 얼마나 괴짜로 보이겠는가.

책 작업 의뢰를 받고 원고를 정리하면서 과연 내가 냉면에 관한 책을 낸다는 것이 맞는 일인가 하는 생각이 점점 커졌다. 평양냉면은 여러 음식들 중에서도 유독 기호의 편차가 큰 음식이다 보니 주제 자체가 새삼스레 부담스럽게 느껴졌다. 게다가 내 주관적인 생각을 담은 글이 독자들에게 어떻게 전달될지 모른다는 불안감도 있었다. 경험치를 끌어와 논리적으로 설명한다 해도 독자들이 느끼는 현실과는 다를 수 있음에 대한 우려였다.

나는 철저한 '식객' 입장에서 정보를 전달했다. 그래서 현업에 종사하는 내공 깊은 실무자들 시각에서는 알맹이가 없는 글로 보일 수 있을지 모른다. 유려한 문체로 사람을 홀리는 음식 평론가도 아니고 냉면 제조 과정 같은 디테일한 부분을 꿰고 있지도 못하다. 그저 냉면을 좋아하는 일반인의 소소한 체험을 평양냉면을 좋아하는 많은 사람들과 공유하려고 마음먹었다.

글 역시 전문가들의 시각에서 보면 한참 부족한 글이다. 냉면에 대한 분석과 표현이 다소 두서없고 체계적이지 못하지만, 그저 평양냉면 몇 그릇 더 먹어 본 사람으로 그간 방문했던 식당들을 소개하고 식당의 분위기와 맛 그리고 고유의 역사를 엮었다. 평범한 표현과 일상적인 감상이 독자들에게는 오히려 쉽고 편하게 접근할 수 있을 거라고 생각하며 용기를 내 본다.

권역을 서울·경기로 묶은 데는 이유가 있다. 지방에도 하나둘 평양냉면 식당들이 생기는 추세지만 인지도와 대중적 평가에서 강세를 보이는 평양냉면 식당들은 서울·경기 권역에 80% 이상 밀집되어 있다. 서울 경기 권역 식당을 중심으로 살펴보면 평양냉면을 이해하고 즐기는 데 충분히 효율적일 것이라고 판단했다.

나는 냉면에 별점을 매기지 않는다. 장인이 만들어 내는 음식은 노고와 세월이 만든 하나의 작품이라는 생각 때문이다. 거듭되는 연구와 실패로 만들어진 수려한 완성작, 냉면 한 그릇. 그 작품을 식탁에 내어 놓기까지의 노고를 어찌 감히 세치 혀로 평가할 수 있겠는가. 유독 만들기 까다로운 평양냉면은 음식 중에서도 정성이 많이 들어가는 음식이다. 이른 새벽부터 육수를 내고 당일의 습도와 기압까지 고려하여 제면 과정을 거친다. 셰프의 정성과 함께 차곡차곡 쌓인 세월을 먹는다는 생각이 들 정도로 나에게 평양냉면은 무척 특별하다.

평양냉면은 기호 편차가 큰 음식이기에 공통된 기준을 세워 객관화시키기 매우 어렵다. 같은 곳에서 똑같은 냉면을 먹어도 어떤 이는 밍밍하다, 또 다른 이는 간이 세다고 평가한다. 그만큼 느끼는 것도 설명하는 것도 다양하고 예민한 음식이다. 오히려 그래서 더 큰 매력을 느끼는지도 모르겠다.

'각자가 느끼는 평양냉면이 정답이다'라는 전제를 깔되, 그 뒤에 숨겨진 재미있는 이야기를 나눠 보려 한다. 부족하지만 이 책을 통해 독자들이 최대한 '즐냉'할 수 있도록 작게나마 도움을 주는 것이 나의 바람이다. 나의 글이 말쑥한 평양냉면의 육수처럼 독자들에게 담백하게 전해지기를 바란다.

2023년 여름,
홍현규

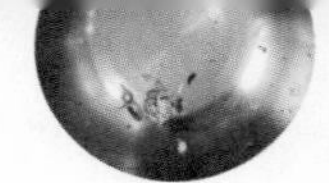

CONTENTS

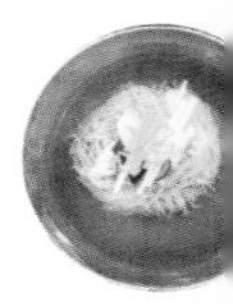

서울 남부

경기 북서부

경기 북동부

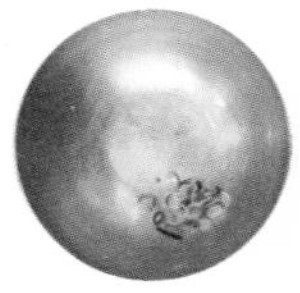

경기 남서부

경기 남동부

폐업

대미필담으로
대동단결

사랑해,
평양냉면

평양냉면 BINGO

서울 북부

강서면옥(본점) / 여러분 평양냉면 / 태천면옥
광화문국밥(본점) / 우래옥 / 평래옥(본점)
남포면옥 / 우주옥 / 평안도상원냉면
만포면옥(은평본점) / 유진식당 / 평양면옥(장충동)
부원면옥 / 을밀대(본점) / 필동면옥
서북면옥 / 전통평양냉면제형면옥(하계점)

서울남부

경평면옥 / 색다른면 / 청류벽
류경회관(본점) / 서관면옥(교대본점) / 판동면옥(본점)
밀각(가락본점) / 설눈 / 평냉집
봉래면옥 / 압구정면옥 / 평양면옥(도곡)
봉밀가(강남구청점) / 옥돌현옥 / 평양면옥(오류동)
봉피양(방이점) / 의정부평양면옥(논현) / 한아람

경기북서부

경인면옥 / 백령면옥(제물포) / 서령
동무밥상 / 백면옥 / 양각도(본점)

경기북동부

광릉한옥점 / 옥천고읍냉면 / 평양면옥(의정부)
송추 평양면옥

경기남서부

고복수 평양냉면 / 시랑면옥 / 정인면옥평양냉면
관악관 / 장안면옥(안성본점) / 평양냉면(평택)
봉가진면옥

경기남동부

고기리 막국수 / 성일면옥 / 평가옥(분당점)
교동면옥 / 수래옥 / 평양면옥(구 팔달면옥)
기성면옥 / 윤밀원 / 평양일미(광교)
능라도(본점) / 장원막국수(분당점) / 평장원(본점)

우래옥	봉밀가 강남구청점	밀각 가락본점	옥천 고읍냉면	평래옥 본점	경인면옥	판동면옥 본점	평양면옥 장충동
고기리 막국수	봉래면옥	설눈	교동면옥	서관면옥 교대본점	부원면옥	평양일미 광교	백령면옥 제물포
압구정면옥	필동면옥	평가옥 분당점	고복수 평양냉면	광릉한옥점	평안도 상원냉면	평양면옥 도곡	기성면옥
백면옥	청류벽	양각도 본점	한아람	을밀대 본점	장안면옥 안성본점	광화문국밥 본점	봉가진면옥
수래옥	전통평양냉면 제형면옥 하계점	서령	유진식당	평양면옥 의정부	평양면옥 오류동	능라도 본점	경평면옥
남포면옥	시랑면옥	평냉집	성일면옥	류경회관 본점	장원막국수 분당점	서북면옥	동무밥상
봉피양 방이점	윤밀원	관악관	강서면옥 본점	평양냉면 평택	만포면옥 은평본점	색다른면	의정부 평양면옥 논현
여러분 평양냉면	정인면옥 평양냉면	우주옥	옥돌현옥	평장원 본점	태천면옥	송추 평양면옥	평양면옥 구 팔달면옥

평양면옥
박비뇨기과
피부과

평양 을밀대
본점
24
을밀대
평양냉면
냉면
을밀대

삼보
냉면기계
T.02-2266-5478

大味必淡
정말 좋은맛은 반드시 담백한 것이라는 뜻. 漢書
김치는 드실만큼만
꺼내주세요.
남으면 버려야 합니다.
꼭 부탁 드립니다. ^.^
인증서

'사랑의 평양냉면' 비하인드

진심 100%의 순면 같은 노래

"너 왜 평양냉면 노래 안 만들어?"
콧수염유치원이라는 다소 엉뚱한 활동명으로 곡 작업과 음원을 발매하는 동안 정말 백 번도 넘게 들은 질문이다. 평양냉면과 관련된 노래들이 이미 차고 넘쳐 굳이 노래를 만들어야 할 이유를 찾지 못했다. 치기 어린 시절에는 이성에게 어필할 목적으로 노래를 만드는 지인들이 그렇게나 꼴 뵈기 싫었는데 내가 냉면으로 노래를 만들면 왠지 그런 사람이 되는 것만 같았다. 게다가 곡의 콘셉트 자체가 다소 엉뚱하고 우스워 보일 수 있는 소지가 다분하다 보니, 그간 내가 했던 음악에 대한 고민들이 장난처럼 가볍게 전달될 수 있다는 우려가 컸다. 예상대로 일정 부분 현실이 되어 나름 고민 중이긴 하다. 그렇기엔 장난스러운 곡들이 꽤 많지만…….

별 생각없이 평양냉면에 멜로디를 붙여 흥얼거리니 느낌이 좋다. '어? 괜찮게 나오겠는데?'라는 느낌이 들어 가사를 다듬고 멜로디에 살을 붙였다. 사랑 이야기와 평양냉면의 특징을 섞어 보면 꽤 괜찮게 나올 것 같다는 생각이 들었다. 오래전 샤브샤브를 먹다가 귀여운 가사가 떠올라 만든 '사랑의 샤브샤브'와 함께 '음식+사랑 시리즈' 같은 느낌을 낼 수 있어 '사랑의 평양냉면'이라는 제목을 붙이고 곡 작업을 시작했다.

'처음엔 그저 그랬어. 널 사랑하지 않았지. 너무나도 밍밍한 너였으니.'
가사 한 소절 풀어내니 멜로디가 쫙 연결됐다. 남녀가 대화하듯 주고받는 듀엣곡을 생각하며 작업에 들어갔다. 남녀가 상대방에 대한 자신의 생각을 각각 말하지만 결국 평양냉면으로 묶이는 사랑 이야기다. 본디 편하고 듣기 좋은 곡의 탄생은 순간의 느낌으로부터 나오는 경우가 대부분이다. 영감이라는 표현은 너무 거창하고, 찰나의 즐거운 상상이라는 표현이 적절해 보인다. <사랑의 평양냉면>은 그 소박한 상상이 잘 표현된 곡이다.

콧수염유치원 음악의 특성상 가창력보다는 음색이 중요하다. 곡에 어울리는 여자 보컬을 찾는 것이 큰 숙제였다. 지인들이 얽혀 있는 결혼식에서 함께 축가를 부른 인연으로 알게 된 동생에게 피처링을 제안했는데 흔쾌히 수락해 주었다. 덕분에

GEN ENERGY
SHOCK·SHORT
PROOF

곡 분위기에 너무나도 찰떡같이 들어맞는 목소리를 노래에 실을 수 있었다. 앨범 아트웍 역시 대학 시절 함께 공부한 잘 나가는 일러스트 작가 문신기의 도움으로, 뮤직비디오 역시 내 음악을 누구보다 잘 알고 오랜 시간을 함께 지내온 그라운드팩트의 천윤기 디렉터의 도움으로 만족할 만한 결과물을 만들어냈다. 나의 소중한 지인들과 평양냉면이 얽혀 소중한 결과물이 탄생했다.

아쉬운 점은 <사랑의 평양냉면>을 좋아하는 사람들이 더 많아졌으면 좋겠으나, 박명수와 제시카의 냉면송이 전 국민의 뇌리 속에 철저히 박혀 있어 거의 고유 명사 격의 존재감을 뽐내고 있기에 어쩔 도리가 없어 보인다. 지인들 중에는 내 노래를 알고 있다는 듯 냉면송의 '냉면 냉면 냉면'을 흥얼거리기도 하는데, 연을 끊어 버릴까 싶다가도 막상 심한 자괴감이 몰려와 큰 한숨으로 현실을 받아들이는 나를 발견한다.
박명수와 제시카의 냉면송만 있는 건 아니다. 콧수염유치원의 <사랑의 평양냉면>이 있음을 잊지 말자. 누가 봐도 진심 100%만 담아 제면한 '순면' 같은 곡이다. 모름지기 평양냉면 마니아라면 누구보다 자신들을 잘 이해할 수 있는 또 다른 평양냉면 마니아가 만든 평양냉면 노래를 들어야 이치에 맞지 않겠는가.

'평양냉면 vs 함흥냉면' 뭐가 달라?

'냉면 먹으러 갈래?' 라는 말이 나오면 '평냉? 함흥?'이라는 질문이 뒤따른다. 마치 탕수육을 부먹과 찍먹으로 구분하듯 냉면 이야기가 나올 때면 어김없이 등장하는 이야기다. 얼마 전까지만 해도 냉면이라 하면 쫄깃한 식감의 함흥냉면을 주로 일컫는 것이었으나 2018년 남북정상회담 전후로 평양냉면이 크게 주목받으면서 함흥냉면만큼 존재감이 커졌다. 도대체 두 냉면의 차이점이 무엇일까? 평양냉면과 함흥냉면, 북한 지명을 붙여 부르게 된 이유를 알아보자.

냉면의 기원을 살펴보려면 조선시대 순조 임금 때로 올라간다. 정조의 아들 순조가 신하들과 궁궐에서 달구경을 하다 냉면을 사 먹었다는 이야기가 있다. 냉면을 파는 가게가 그 옛날 서울에도 있었다는 뜻이기도 하다. 고종을 모시던 마지막 상궁 김명길의 수기에는 고종이 냉면을 매우 좋아했다는 기록이 자세히 적혀 있다.
고종이 먹던 냉면은 고기 육수를 전혀 쓰지 않고 배와 동치미로 낸 국물 위에 배와 지단을 듬뿍 올려 만든 '배동치미 냉면'이었다. 면은 수라에서 제면하지 않고 대한문 밖에서 사왔다는 기록이 있다. 기성품으로 만들어진 면을 시장에서 사왔다는 기록으로 보아 이미 메밀 면이 대중화되어 많은 사람들이 즐겨 먹었다는 것을 알 수 있다. 평양냉면의 기본이 되는 동치미 육수와 메밀 면의 조합으로 보아 평양냉면의 기원으로 추측할 수 있다. 이렇듯 오래전 한양 저잣거리에서도 냉면을 팔았고, 궁궐에서도 냉면을 사다 먹었다는 문헌 기록이 있을 정도로 그 기원은 한 세기를 훌쩍 넘는다.

일제 강점기에 들어서면서 냉면은 한층 더 대중적인 음식으로 발전한다. 1920년대 말 평양에는 중앙면옥, 제일면옥처럼 대규모로 운영되는 냉면집을 포함하여 약 40여 개의 점포가 운영되었다는 기록이 있고, 냉면집들이 성업하여 지금 시세로 1년간 약 500억 이상의 냉면이 팔렸다는 집계가 남아 있다.
냉면에서 가장 중요한 것이 메밀 전분과 질 좋은 고기 육수인데 당시 공업 도시 평양에는 대규모의 전분 공장이 만들어져 질 좋은 메밀 면을 보다 쉽고 저렴하게 만들 수 있는 여건이 충족되었다. 더불어 평양은 소가 유명한 도시였다. 지금으로 치면 '한우=횡성' 공식처럼 당시 최상급 한우는 '평양우'로 통용되었다. 품질 좋은 고기는 자연스럽게 냉면의 고기 육수의 질로 이어졌다. 평양우의 품질과 풍미가 우수하여 불고기와 곰탕 또한 맛있다는 이야기도 존재한다.
당시 평양에 냉면의 맛과 품질에 정점을 찍는 사건이 발생한다. 그 중심에는 MSG가 있다. 일제 강점기에 MSG라니 황당하겠지만 인공 감미료의 존재는 우리의 생각보다 그 역사가 깊다. 일본 인공 감미료 업체 '아지노모노'는 한반도에 제품을 판매할 계획으로 냉면 가게들이 즐비한 평양을 타깃으로 삼았다. 전략적 기획의 일부로 '아지노모노'는 평양 대동문 근처에 직영으로 운영하는 냉면집을 개업했다. 당시 대부분의 냉면 전문점들은 고기 육수를 쓰는 여름냉면과 동치미 국물을 쓰는 겨울냉면으로 구분해서 판매했다. 동치미가 계절을 타는 음식이기 때문이었다. 아지노모노의 인공 감미료는 육수의 고기 맛과 감칠맛을 배가시켰고 이를 기점으로 여름냉면이 대중화되었다.

동시에 가게는 엄청난 호황을 누렸다. 이 글을 읽는 분들 중 배신감이 드는 분들도 있겠지만, 현재의 평양 냉면 맛의 역사는 80% 이상이 인공감미료와 함께했다고 볼 수 있다.

상대적으로 함흥냉면은 평양 냉면보다 역사가 오래되지는 않았으나, 얇고 쫄깃한 면발, 새콤달콤한 양념장의 완벽한 조합으로 싫어하는 사람이 없는 마성의 음식으로 자리 잡았다.

평양냉면과 함흥냉면의 가장 큰 차이는 면의 찰기에 있다. 왜 함흥냉면은 면이 질기고 평양냉면은 뚝뚝 끊어질까? 면을 만드는 재료가 다르기 때문이다. 쉽게 설명하면 함경도(함흥)에서는 감자 전분으로, 평안도(평양)에서는 메밀로 제면을 했다.

함흥냉면의 원래 이름은 '농마(녹말) 국수'다. 지금도 실향민 1세대와 연세 많은 어르신들은 함흥냉면이라는 말보다 '농마 국수'라는 명칭을 사용한다. 함흥냉면의 기원을 찾기 위해서는 일제 강점기 시절로 거슬러 올라가야 한다. 다량의 전분수급이 필요했던 일본은 한반도에서 최적의 장소를 찾는다. 바로 감자 수확에 최적화된 함경도였다. 인근에 전분 공장을 세워 전분과 감자를 수탈해 갔고, 후에는 기술의 발달로 딱딱한 전분으로도 면을 뽑을 수 있는 제면기가 등장했다.

감자 전분으로 만든 면발은 매우 쫄깃해 즐거운 식감을 선사하지만 아무런 맛도 향도 없었다. 함경도 바닷가 인근 사람들은 새콤달콤한 양념이 가미된 회 무침을 얹어 먹었다. 당시는 흔한 참가자미 회 무침이 올라갔지만 참가자미가 점점 귀해지자 상어회, 쥐치회 등을 거쳐 최근에는 명태, 코다리로 고명의 종류가 바뀌었다. 회가 올라간 국수라는 뜻으로 농마 회국수라고 불렸는데, 이 농마 회국수가 6.25전쟁 이후 실향민들과 함께 대한민국으로 내려와 이름이 바뀌었다. 흔히 알고 있던 밀가루 면과는 식감과 맛이 달랐기 때문에 국수라는 표현보다는 차갑게 먹는 음식임을 감안하여 냉면이라고 칭했고, 거기에 기원이 된 지역명 '함흥'을 붙여 함흥냉면이라는 이름으로 불리게 되었다.

역사 관련 내용은 <한국인의 밥상> 백년의 유혹 평양냉면 편(2015.06.26 방송)을 참고하였습니다.

인터뷰

냉면특공대

만포면옥

봉밀가

서관면옥

서령

냉면특공대

@nmdokgodai

온라인상의 그 어떤 평들과 비교할 수 없는 수준 높은 분석과 필력으로 전국에 숨어 있는 냉면집들을 소개하는 인플루언서 '냉면특공대' 님을 만나 본다. 어떤 사람이길래 이리도 매력 있는 평을 할 수 있단 말인가. 흠모의 마음으로 그를 만나본다.

안녕하세요, 냉면특공대 님. 만나 뵙게 되어서 너무 반갑습니다. 저도 온라인에 평양냉면 리뷰를 하고 있지만 냉면특공대 님의 글은 군더더기 없이 깔끔하고 명확해 늘 어떤 분인지 궁금했습니다. 본인 소개 부탁드립니다.

안녕하세요. 냉면 리뷰 전문 인스타그래머 냉면특공대입니다. 스스로를 뭐라 소개할까 열심히 고민해봤는데 뭐라고 말해야 있어 보일지 도저히 모르겠네요. 그냥 냉면 없으면 못 사는 사람이라고 하겠습니다.

평양냉면만큼 지역색이 충실한 음식도 없는 것 같습니다. 최근 지방으로도 냉면 투어를 다니시는데 서울의 평양냉면과 지방의 평양냉면에 차이점이 있을까요?

서울의 평양냉면은 다른 지역의 평양냉면들과 비교할 때 고기 맛에 집중하는 경향이 뚜렷하게 나타납니다. 우래옥, 봉피양, 을밀대, 장충동평양면옥, 필동면옥 등 서울의 내로라하는 평양냉면 노포들은 육향이 강렬한 육수를 내죠. 신진 업장들 역시 이러한 경향을 이어가고 있습니다. 서관면옥, 봉밀가, 정인면옥, 진미평양냉면, 류경회관 등 서울에 터를 잡은 젊은 가게들은 물론이고, 서울의 유행이 곧바로 전파되는 수도권 도시들의 새로운 가게들 또한 선명하면서도 정제된 육향을 냉면의 주요 콘셉트로 삼습니다.

반면 수도권 이외 지역의 평양냉면은 고기 맛보다는 다른 맛에 초점을 맞추는 경우가 많습니다. 양지, 사태, 삼겹살 등의 살코기로 육수를 내는 서울의 대다수 평양냉면에 비해 다른 지역의 평양냉면은 사골과 잡뼈 등을 사용하여 뼈 육수를 내는 경우가 많고, 살코기 육수를 내는 가게들 또한 간장과 동치미, 각종 인공 조미료를 활용하여 맛의 자극성을 높이곤 하죠. 대전의 냉면집들은 대부분이 닭 육수를 내기도 하고요. 면과 고명은 가게마다 천차만별이어서 지역별로 공통된 특징을 잡기 어렵지만, 육수는 서울의 평양냉면이 다른 지역의 평양냉면에 비해 대체적으로 분명한 고기 맛을 지향

**자타공인 냉면 고수,
누구도 부정할 수 없는 냉면 전문가,
냉면인이라면 모를 수 없는 인물이 되는 것이 목표입니다. 누구보다 냉면을 잘 알고 싶고 그럼으로써 냉면인 중 가장 유명하고 또 탁월한 사람이 되고 싶습니다.**

하고 맛의 자극성이 더 낮다고 말할 수 있습니다.

정말 식상한 질문이겠지만, 많은 분들이 궁금해하실 것 같습니다. 냉면특공대님께서 드신 최고의 냉면과 요즘 다녀보신 곳들 중 가장 인상 깊었던 곳이 있다면 소개 부탁드립니다.

대구에 고운곰탕이라는 가게가 있어요. 지역색 강한 대구의 다른 냉면집들과 달리 서울식 평양냉면의 맛을 정통적으로 구현하고 있습니다. 곰탕 재질 육수의 넉넉한 육향과 입안에 자욱한 안개처럼 남는 면의 메밀 맛이 인상적이에요.

강화도에 있는 서령의 냉면은 개인적으로 서울식 평양냉면의 완성판이라 생각합니다. 육수와 면 모두 각자의 주장이 강한데 어느 것 하나 꺾이는 구석 없이 조화롭게 어우러져서 밸런스가 참 좋은 냉면이에요. 동두천의 평남면옥이란 가게도 제가 참 사랑하는 곳입니다. 제가 평양냉면에 입문하게 해준 곳이거든요. 쨍한 맛의 동치미 육수가 일품인 냉면을 냅니다. 집에서 먼 곳에 있어서 자주는 못 가지만 매년 여름이면 한두 번씩은 꼭 방문한답니다.

업무 쉬는 날에는 냉면 투어를 다니시잖아요. 혹시 투어 다니지 않으시는 날에는 어떤 일정으로 시간을 보내시는지 개인적으로 너무 궁금합니다.

보통은 종일 집에서 자거나 책을 읽습니다. 제가 현재 업으로 삼은 일이 바로 냉면집 일인데요. 냉면에 대한 실무 경험을 쌓고 깊이 있게 이해하기 위해 직접 냉면을 배우는 중입니다. 힘들지 않은 요식업 현장이 어디 있겠냐마는, 그럼에도 냉면업은 다른 업종에 비해 체력 소모가 심합니다. 특히 손님이 붐비는 여름에는 이틀 사흘만 일해도 체력이 완전히 고갈돼버리죠. 때문에 냉면 투어를 다니지 않는 날에는 체력을 회복하고 냉면 리뷰에 활용할 양분을 섭취하는 데에 매진합니다.

앞으로 계획이나 목표가 있으실까요?

자타공인 냉면 고수, 누구도 부정할 수 없는 냉면 전문가, 냉면인이라면 모를 수 없는 인물이 되는 것이 목표입니다. 그동안 왜 그 힘든 냉면집 일을 하느냐는 질문을 많이 받았는데 내 가게를 차리기 위함이라는 대답을 주로 해왔습니다. 하지만 솔직히 말하면 그게 제 궁극적인 목표는 아니에요. 저는 누구보다 냉면을 잘 알고 싶고 그럼으로써 냉면인 중 가장 유명하고 또 탁월한 사람이 되고 싶습니다. 가게를 차리겠다는 것 또한 그러한 목표로 나아가기 위한 단련 과정일 뿐이죠.

만포면옥

3대 대표 김건우, @manpo.official

동치미계열 평양냉면을 논할 때 빠질 수 없는 평양냉면 1세대 노포, 은평 만포면옥. 3대를 이어 맛을 계승하고 있다. 사장님 내외분을 만나 대한민국에서 가업의 대를 이어간다는 것의 의미와 만포면옥의 이야기를 들어본다.

은평구 주민들이 동네 맛집을 소개할 때 만포면옥을 첫 번째로 꼽는 분들도 무척 많을 것 같습니다. 역사만큼 만포면옥과 세월을 함께한 단골손님도 많을 텐데, 가장 기억에 남거나 특별한 손님이 있다면 소개 부탁드립니다.

오랜 기간 가게를 이어온 만큼 생각나는 단골분들이 많이 계십니다. 할아버지 손에 이끌려 오던 어린 손주 분이 지금은 할아버지를 모시고 오는가 하면 집안의 경사가 있으면 꼭 저희 가게에서 식사를 하시는 가족분들, 다른 냉면집 말고 꼭 만포면옥을 가고 싶어 한다는 어린이 손님 등 감사한 분들이 정말 많이 떠오릅니다.

그중 한 분을 꼭 꼽아야 한다면 최근에 가장 인상 깊었던 학생 손님을 말씀드리고 싶습니다. 작년 2022년에 수능을 치른 학생인데요. 대한민국에서 가장 힘든 시기라는 고3 시기에 저희 가게를 자주 찾아와 냉면이나 갈비탕을 먹고 가는 학생이었습니다. 식사하고 가면 늘 본인 인스타그램과 블로그에 저희 가게 글을 올려줘서 알게 됐어요. 워낙 자주 오고 인사성이 바른 학생이어서 가게에 오면 종종 이야기도 나누고 그냥 보내기 아쉬워 서비스도 챙겨주곤 했습니다. 수능 전에 한번 와 줬으면 싶었는데 마침 그 학생이 수능 직전 날에 식사를 하

올해로 51년이 된 가게이다 보니 이제 막 4년차가 된 제가 가게에서 보낸 시간은 가게의 역사와 전통에 비하면 너무나 짧고 보잘 것 없는 시간으로 보일 수 있겠지만 50년을 넘게 이어온 전통을 계승한다는 책임감만큼은 마음 깊이 새기고 늘 최선을 다하고 있습니다.

러 와 주었어요. 시험 잘 보라고 응원할 수 있어서도 좋았지만 중요한 날을 앞두고 찾아준 것이 무척 고마웠습니다. 저희 가게 음식을 정말 좋아하고 믿어주는 것 같아서요. 좋은 결과가 있길 바라고 있었는데, 어느 날 그 학생 인스타에 서울대학교 합격 소식이 올라온 걸 봤어요. 마치 저희 가족이 합격한 것처럼 기뻐서 축하 메시지도 보내고 가게에 초대했습니다. 최근에 그 학생이 찾아와 식사를 하고 가서 축하도 많이 해주고 저희도 정말 기분 좋게 한턱 낼 수 있었어요. 학교가 동네에서 좀 멀어져 이제는 자주 보지 못할 것 같아 아쉬워요.

대한민국의 사회 구조상 가업을 이어가기 매우 어렵다고 생각합니다. 만포면옥은 3대째 정체성을 유지해 나가고 있는데요, 가업을 이어간다는 의미는 젊은 세대의 사장님 내외분에게 어떻게 다가오는지 궁금합니다.

안녕하세요. 은평구에서 2代를 걸쳐 3代를 이어가고 있는 이북 음식 전문점 만포면옥의 김건우 대표입니다. 1972년 경기도 고양시 동산동에서 처음 문을 연 만포면옥은 테이블 3개를 놓고 냉면과 녹두지짐을 파는 작은 가게로 출발하였습니다. 이후 점차 맛으로 이름이 알려져 몇 차례 확장 이전을 하였고 현재는 은평구 갈현동에 자리 잡고 있습니다. 2007년부터 셋째 아들인 장인어른께서 2대째 가업을 이어 오시다가 2019년부터는 사위인 저와 함께 운영하고 있습니다.

올해(2023년)로 51년이 된 가게이다 보니 이제 막 4년차가 된 제가 가게에서 보낸 시간은 가게의 역사와 전통에 비하면 너무나 짧고 보잘 것 없는

만포면옥 개업 초기 모습(1975~1979년)

저희도 한때는 요즘의 추세와 유행에 맞게 동치미를 줄이거나 빼고 육향 짙은 육수를 내야 하나 고민한 적이 있었지만 지금은 '동치미를 섞어내는 것' 자체가 저희 가게의 전통이자 특징이 되어 더 큰 자부심을 느끼고 있습니다.

시간으로 보일 수 있겠지만 50년을 넘게 이어온 전통을 계승한다는 책임감만큼은 마음 깊이 새기고 늘 최선을 다하고 있습니다. 4년 전 처음 만포면옥에 들어와 일을 배우기 시작했을 때, 식사 후 손님들이 건네시는 말 한마디 한마디, 인스타그램이나 블로그 글 하나하나에 일희일비했던 제 모습이 생각납니다. 지금도 비슷하지만 당시에는 육향이 강조된 서울식 평양냉면이 특히 유명해졌을 시기라 동치미 육수를 배합하는 저희 가게 냉면에 대해 혹평을 하시거나 심지어는 평양냉면이 아니라고까지 말씀하시는 경우도 있었습니다. 그러다 보니 우리 냉면은 다른 냉면집에 비해 부족한 것 아닐까, 무엇이 모자란 걸까 하는 고민을 많이 했어요. 이를 장인어른께 말씀드리며 요즘 추세에 맞춰

동치미를 줄이거나 빼는 것은 어떨지 건의하기도 했는데 장인어른께선 어머님께 배운 전통 방식 그대로를 고집해야 한다고 하셨습니다.

당시에는 당장의 평가에 예민했던 터라 납득이 잘 되지 않았는데 50년을 꾸준히 지켜온 식당의 저력은 그렇게 가벼운 것이 아니었습니다. 더 많은 손님들께서 옛날 맛을 그리워하며 가게에 찾아 주시고 오히려 맛을 지켜내 줘서 고맙다고 하시는 분들도 계시는 걸 보면서 지금까지 변함없이 지켜온 전통을 유지하는 게 얼마나 중요한 일인지, 얼마나 의미가 있는 일인지를 다시금 생각하게 되었습니다. 그렇다고 해서 전통 방식 그대로만 이어가고 있지는 않습니다. 제가 가게에서 일을 시작한 이후 조금 더 효율적이고 위생적인 조리 방식을 모색하였고 집에서도 편하게 저희 음식을 드실 수 있도록 밀키트를 개발하는 등 전통을 지켜가면서 저희가 할 수 있는 것들을 찾아 실천하고 있습니다. 젊은 세대에 다가가기 위하여 인스타그램 계정을 개설하기도 했는데 실제로 가게에 오는 연령대가 젊어지기도 했고 오래된 가게가 변화를 위해 노력하는 모습을 좋게 봐주시는 손님들이 많이 계시더라구요. 음식에 대해서는 장인어른께서 양보를 잘 안 해주시는 편인데 최근에는 동치미의 단맛을 줄이고자 개인적으로 노력을 많이 하였습니다. 요즘 사람들의 입맛이 단맛을 선호하지 않는 것도 있고 더 건강한 음식을 제공하기 위하여 이 부분에 대해선 저도 양보하지 않고 제 뜻을 관철시키는 중입니다.

전통을 지키면서 좋은 방향으로 발전하고 변화하는 것이 사실 쉽지만은 않습니다. 전통 방식 그대로 이어가는 것이 더 쉬워 보일 때도 있어요. 하지만 50년 동안 받아온 사랑, 앞으로의 50년도 사랑받아 진정한 백년 가게가 될 수 있도록 항상 고민하고 노력하는 만포면옥이 되고자 합니다.

2022년도 큰 화재로 영업이 중단됐었잖아요. 많은 분들이 걱정하셨을 텐데 저는 오히려 새롭게 단장된 모습을 보고 전화위복이라는 생각이 들었습니다. 지금은 어느 정도로 안정화되었는지 궁금합니다. 그리고 화재 이전과 달라진 점들이 있다면 어떤 것들이 있을까요?

2022년 5월 3일 새벽, 가게에 불이 났다는 전화를 받고 급히 달려갔습니다. 이미 진화는 끝난 상태였지만 가게 입구에서 시작된 불은 1층 홀은 물론 2층까지도 그을음이 번진 상태였습니다. 아무리 빨리 복구를 한다고 해도 한 달이 넘는 시간이 소요될 수밖에 없었고 화재가 난 5월은 가정의 달로 일년 중 대목에 해당하는 달이라 가게의 피해는 꽤 클 수밖에 없었습니다. 아무래도 지역에서 오래된 가게이다 보니 지역 신문과 중고 거래 플랫폼에도 저희 가게 화재 소식이 올라가 단골손님들께서도 연락을 주시고 많은 걱정을 해 주셨습니다. 그런데 또 저희는 그 와중에 예약을 받았던 건들이 생각났고 다행히 타지 않은 예약 명부를 찾아 일일이 전화로 가게 상황을 설명드리고 죄송하다는 말을 드렸던 기억이 납니다.

하루 이틀은 정신이 없었지만 곧바로 마냥 푸념하고 걱정만 하지 말고 전화위복의 기회로 삼자며 의기투합하였습니다. '차라리 잘됐다. 이번 기회에 가게를 좀 더 산뜻하게 리뉴얼하자'라고 마음을 다잡고 가족회의를 진행하였습니다. 손님들이 좀 더 편하게 기다리실 수 있도록 손님 대기석을 만들

전통을 지키면서 좋은 방향으로 발전하고 변화하는 것이 사실 쉽지만은 않습니다. 전통 방식 그대로 이어가는 것이 더 쉬워 보일 때도 있어요. 하지만 50년 동안 받아온 사랑, 앞으로의 50년도 사랑받아 진정한 백년 가게가 될 수 있도록 항상 고민하고 노력하는 만포면옥이 되고자 합니다.

고 1층 홀의 테이블 수를 줄여 최대한 손님께 쾌적한 공간을 만들기 위해 노력했습니다. 다소 복잡했던 입구 동선도 정리하고 2층도 재정비하며 새로운 가게를 준비하는 마음으로 열심을 다했습니다. 그렇게 한 달이 지나 다시 오픈한 매장은 일부러 개업 날을 기다려 찾아 주신 손님들로 가득 찼습니다. 축하의 의미로 손님들께 돌릴 떡까지 맞춰 주신 고마운 단골손님도 계셨고, 찾아 주신 손님들 모두 쾌적해졌다며 좋아하셨습니다. 손님들의 격려와 위로 덕에 힘든 것도 잊을 수 있었습니다. 화재가 났을 때 '불난 집은 대박이 난다'라는 말을 참 많이 들었는데요. 다른 이유가 아니라 얼른 회복하고 잘되길 응원해 주시고 격려해 주시는 손님들의 마음에 힘입어서인지 저희 가게는 정말로 전보다 장사가 잘 되었고 최고 매출도 갱신할 수 있었습니다. 재오픈 당시만 그런 것이 아니라 지금까지도 전보다 더 안정적인 상태라고 할 수 있습니다. 화재 후 많은 것들이 좋은 방향으로 달라진 것 같아요. 그만큼 복구하는 한 달 동안 정말 많은 고민과 노력을 했기 때문이라 생각합니다. 물론 영업 화재로 인해 잃은 것, 경제적인 피해도 분명 있지만 그보다도 귀한 손님들의 응원, 주변 이웃 사장님들의 격려, 새롭게 다진 마음의 자세 등 감히 얻은 것이 더 크다고 자신 있게 말씀드리겠습니다.

개인적으로 만포면옥 냉면은 평양냉면을 낯설어 하는 분들에게 자주 추천하는 냉면 중 하나입니다.

아직 만포면옥의 냉면 맛을 잘 모르는 분들에게 설명을 부탁드려도 될까요?

만포면옥 냉면은 소고기를 끓인 육수에 가게에서 직접 담근 동치미를 배합해 육수 맛을 냅니다. 초기 평양냉면이라 불리던 냉면은 고깃국물에 동치미를 배합하는 것이 기본이었으나 최근 쉽게 접하실 수 있는 평양냉면은 동치미를 섞지 않고 육향이 강조되다 보니 오히려 저희 가게 냉면을 생소해 하시는 분들이 많습니다. 동치미는 계절에 따라 일관되게 맛을 유지하는 것이 어렵고, 여름철에는 특히 다루기가 까다로워 많은 냉면집들이 동치미를 빼게 되었다고 합니다. 그래서 현재 동치미를 섞어 육수를 만드는 곳은 몇 되지 않는 것으로 알고 있습니다. 동치미 없이 육향이 강조된, 흔히 말하는 '서울식 평양냉면'을 처음 드시는 분들은 아무 맛도 안나는 맹물 같은 느낌에 당황하곤 하시는데요. 저희 냉면 육수는 동치미와 육향이 조화를 이루는 육수로 깔끔한 산미와 은근한 단맛이 어우러진 것이 특징이라고 할 수 있습니다. 그래서 처음 드신 분들도 너무 심심하지 않게 맛있게 드실 수 있어 평양냉면을 낯설어 하는 분들께 많이들 추천해 주시는 것 같아요. 처음 서울식 평양냉면을 드시고 입에 맞지 않아서 찾지 않으시던 분들도 저희 냉면을 드시곤 여기 냉면은 입맛에 맞다고 하시며 자주 찾아 주시는 이유가 바로 동치미에 있다고 생각합니다. 앞선 질문에서 말씀드렸던 것처럼 저희도 한때는 요즘의 추세와 유행에 맞게 동치미를 줄이거나 빼고 육향 짙은 육수를 내야 하나 고민한 적이 있었지만 지금은 '동치미를 섞어내는 것' 자체가 저희 가게의 전통이자 특징이 되어 더 큰 자부심을 느끼고 있습니다.

냉면 외에 만포면옥에서 가장 자신 있게 권하는 메뉴들이 있다면 어떠한 것들이 있나요?

가게에서 직접 빚어내는 만두, 두툼한 녹두지짐, 달큰한 불고기 등 냉면과 곁들이기 좋은 음식들이 있지만 특히 많은 분들이 사랑해주시는 메뉴가 바로 어복쟁반입니다. 이북 음식을 많이 접하신 분들이라면 익숙하시겠지만 아직 잘 모르시는 분들을 위해 설명드리자면 어복쟁반은 평안도 지역의 향토 전골 요리입니다. 진하게 끓여낸 육수에 고기와 갖은 고명을 곁들여 드실 수 있어 여름철 보양 음식으로도 추운 겨울철에도 드시기에 좋습니다. 고소한 차돌양지, 쫀득한 맛이 일품인 아롱사태, 부드러운 식감을 가진 우설을 야채와 함께 곁들여 드실 수 있어 식사로도 안주로도 훌륭합니다. 어복쟁반을 드시고 냉면을 드시는 것도 추천드리지만 메밀 사리를 추가해 온면으로 드시는 것도 또 하나의 별미입니다. 저희 가게 어복쟁반이 많은 사랑을 받다 보니 택배 주문도 많아져 최근에는 밀키트 상품으로 제작했습니다. 댁에서도 어복쟁반을 쉽고 맛있게 즐기실 수 있도록 많은 고민과 노력을 했는데 받아 보신 분들께 좋은 평가를 받고 있어 기분이 참 좋습니다. 가게에 직접 오시지 못하더라도 50년 전통을 이어온 저희 가게의 음식들을 선보일 수 있도록 계속 노력해 나가고자 합니다.

권희승

봉밀가

권희승 대표, @bongmilga

평양냉면 전문 식당으로는 이례적으로
6년 연속 미슐랭 빕구르방 가이드에 소개된
봉밀가의 권희승 대표를 만나본다.

봉밀가에서 가장 인상 깊었던 부분이 사장님의 응대 서비스였습니다. 혼자 냉면 한 그릇을 먹으러 가도 후하게 대접받는 느낌이었어요. 간혹 서비스를 전혀 신경 쓰지 않는 1세대 식당들은 필히 봉밀가에서 배웠으면 좋겠다는 생각도 했습니다. 고객 서비스에 대해 어떠한 마인드로 임하시는지 궁금합니다.

'서비스가 좋다'라는 느낌은 기대와 반비례한다고 생각합니다. 보통 혼자 냉면 한 그릇 먹으러 갔을 때 큰 기대를 하지 않죠? 그렇기에 혼자 식사하러 오신 분들에게 만두도 드리고 조금 더 관심을 갖고 서비스를 하려 합니다. 기대가 적었을 때 받는 서비스는 오래 기억에 남습니다. '기분'도 음식을 맛있게 느끼게 하는 중요한 요소입니다. 서비스는 '기분 좋음'이라 생각합니다.

봉밀가가 무려 6년 연속 미슐랭 빕구르망 가이드에 소개되었습니다. 짧은 운영 기간을 고려한다면 엄청난 성과라고 생각합니다. 대표님의 소감을 듣고 싶습니다.

감개무량합니다. 처음 미슐랭에 선정됐을 땐 가슴이 뛰어서 잠을 이루지 못했습니다.^^ 지금도 감사하고 더 겸손해야겠다는 생각으로 그때 그 감정

누구나 좋아하는 건강한 냉면을 만들려 합니다. 유명한 노포 냉면집에서 냉면을 먹고 난 뒤, '우리 건강한 음식을 먹은 것 같아!'라는 말은 하지 않습니다. 하지만 봉밀가 고객들은 냉면을 먹고 난 뒤, '진짜 건강한 한 끼를 먹은 것 같아!'라고 느끼게 해드리고 싶습니다.

을 잊지 않고 음식을 만들고 있습니다. 내일 올 고객들을 생각하면 마음이 설렙니다.

행당동에 배달 전문점으로 봉밀가 분점을 내셨습니다. 밀키트 사업도 활발히 하고 계신데요. 식당 운영과 밀키트 사업은 어떠한 차이가 있고 애로 사항이 있다면 어떠한 것들이 있을까요?

식당에서는 고객의 불만이 있거나 실수가 있다면 바로 응대해 드릴 수 있습니다. 직접 눈을 보고 진심으로 고객에게 사과하면 제 마음이 느껴지기에 대부분 불만이 누그러집니다.(물론 실수하지 않으려고 노력합니다.^^) 하지만 밀키트는 혹시라도 어떠한 문제가 생겼을 때 바로 응대하기 힘들고, 음식을 빼먹고 보내는 등 한 번의 실수가 고객 한 끼의 식사를 망칠 수도 있기에 상당히 예민하고 정확하게 일 처리를 해야 하는 어려움이 있습니다.

평양냉면 식당을 운영한다는 것이 여간 힘든 것이 아니라는 것을 알고 있습니다. 체력적인 부분이 매우 중요할 것 같아요. 대표님의 하루 일과와 체력적인 부분은 어떻게 관리하시는지 궁금합니다.

비수기라 새벽 5시 40분쯤 일어나서 행당점에 갑니다. 행당점에 끓일 육수가 있다면 제가 불을 켜고 육수를 끓이는 것을 시작합니다. 강남구청점으로 갖고 갈 것들이나 그날 들어온 주문을 확인한 뒤 강남구청점으로 갑니다. 강남구청점은 육수 담당 셰프가 육수를 끓입니다. 저는 육수에 간을 하고 마무리를 한 뒤 만두소가 나오면 만두를 빚습니다. 강남구청점의 영업 준비를 모두 체크한 뒤 11시쯤 다시 행당점으로 가서 행당점을 돕습니다. 행당점의 점심시간이 마무리되는 14시~17시에는

봉밀가는 고집은 있어도 아집은 없습니다. 봉밀가의 주방에서 수많은 유명한 노포 실장님들과 부실장님들이 일하셨고 지금도 일하시고 있습니다. 그들과 같이 봉밀가의 기본은 지키되 좋은 점은 흡수하여 오늘보다 내일이 더 맛있는 음식을 만들어 나갈 것입니다.

일주일에 두 번 개인 운동 선생님에게 근력 수업을, 또, 뭉쳐진 근육을 푸는 요가 수업도 일주일에 두 번씩 받습니다. 그리고 스트레스 지수를 낮추기 위해 정신 담당 선생님께 일주일에 한 번 1시간씩 상담을 받습니다.

다시 17시에 강남구청점으로 가서 저녁에 낼 모든 음식을 체크합니다. 19시까지 모든 준비 완료 후 다시 행당점으로 가서 저녁 마무리를 합니다. 매일 같은 일의 반복이며, 일요일은 월요일에 끓일 육수의 핏물을 빼며 쉽니다. 좋은 음식을 만들기 위해 체력 관리를 완벽하게 하고 정신적으로 스트레스를 낮추려 노력하며, 한 달에 한 번의 술 약속도 없이 컨디션 조절을 완벽히 하는 편입니다.

음식에 대해 직접 음식을 만드는 셰프의 입장과 고객들이 원하는 니즈가 다를 것이라 생각합니다. 메뉴를 개발하실 때 어떠한 부분에 가장 중점을 두시나요?

아직 저희 음식을 못 드셔 보신 분들이 많기에 대중적으로 누구나 좋아할 수 있는 음식을 만들려 합니다. 또한 누구나 좋아하지만 건강한 냉면을 만들려 합니다. 보통은 유명한 노포 냉면집에서 냉면 한 그릇을 먹고 난 뒤, '우리 건강한 음식을 먹은 것 같아!'라는 말은 하지 않습니다. 하지만 봉밀가 고객들은 냉면을 먹고 난 뒤, '진짜 건강한 한 끼를 먹은 것 같아!'라고 느끼게 해드리고 싶습니다.

봉밀가가 지금보다 더 발전하기 위하여 어떠한 계획을 갖고 계신지 궁금합니다.

'봉밀가=대한민국 평양냉면 1등'이라는 수식어가 붙을 수 있도록 브랜딩을 통해 전국적으로 봉밀가라는 브랜드를 알릴 것입니다. 봉밀가는 고집은 있어도 아집은 없습니다. 봉밀가의 주방에서 수많은 유명한 노포 실장님들과 부실장님들이 일하셨고 지금도 일하시고 있습니다. 그들과 같이 봉밀가의 기본은 지키되 좋은 점은 흡수하여 오늘보다 내일이 더 맛있는 음식을 만들어 나갈 것입니다.

서관면옥

허경만 대표, @seogwanmyeonog

강남권역에서 평양냉면 집을 떠올리면 가장 먼저 서관면옥의 이름을 말하는 사람들이 많을 거라 생각한다. 근 5년 새 명실상부 강남권역 최고의 평양냉면 전문 식당으로 자리 잡은 '서관면옥'의 허경만 대표의 이야기를 들어본다.

서관면옥이 벌써 개업 5년차로 접어들었습니다. 자타공인 강남 맛집으로 거듭났는데 소감이 어떠신지 궁금합니다. 개업 후 5년간 어떤 변화들이 있었고 업장을 운영하시며 가장 크게 느꼈던 부분이 있다면 어떤 것이 있는지 말씀 부탁드립니다.

안녕하세요. 서관면옥 대표자 허경만입니다. 오늘 이 질문을 받으니, '그 시간이 5년이나 되었구나' 하는 생각을 하게 됩니다. 서관면옥을 오픈하고 정신없이 달려왔나 봅니다. 유명한 식당이 된 소감을 물으셨는데 사실 저는 실감이 잘 나지 않습니다. 매일 새벽 장을 보고, 음식을 준비하고 장사를 한다는 것이 어찌 보면 한정된 공간에서 일상을 반복하는 것이라 외부의 세상과는 어떤 면에서 단절된 삶을 사는 것이라 그럴 수도 있겠습니다.

물론 오픈하고 지금까지 매달, 매년 서관면옥을 방문해 주시는 손님들이 지속적으로 증가해 왔고 단골손님도 꽤 많이 늘고 있어서, 우리가 잘못하고 있다고 생각하지는 않았습니다. 서관면옥을 오픈하기 전에 대학에서 외식업을 공부했습니다. 십수 년간 음식 장사하며 쌓은 경험을 전문적인 시스템 안에서 제대로 정리하고 새로운 외식업을 체계적으로 준비하고자 하는 의지였습니다. 그 시기에 좋은 레스토랑, 좋은 음식을 구성하는 여러 요소에 대해 진심으로 고민했습니다. 각 요소별로 고객들에게 서관면옥만이 줄 수 있는 특별한 경험이 무엇인지에 대해 집중했고 그러한 고민과 디테일을 녹인 음식과 요소들이 저희를 찾아주시는 고객 한 분, 한 분께 전달되고 있다는 것이 지금의 서관면옥을 만들어 낸 것 같습니다.

5년차에 접어들면서 가장 크게 느끼는 부분은 서관면옥이 많이 발전했다는 사실입니다. 오픈 초기부터 '예쁜 냉면집'으로 입소문이 빠르게 났지만, 동시에 맛에 대한 평가가 엇갈리는 부분들이 있어 말 못 할 고충도 있었습니다. 지금 서관면옥의 면과 육수는 그동안 수차례 연구하고 시도해서 완성한 맛입니다. 이런 노력에 대한 결과는 찾아주시는 손님들을 통해서 많이 느낍니다. 맛있게 드시는 모습, 다시 찾아주시는 손님들, 여름철 오픈 전부터 줄을 서서 기다려주시는 손님들, 추운 겨울날 완전무장 차림으로 냉면을 드시기 위해 외출해주신 손님들을 보며 매일 감동하고 감사의 마음을 느낍니다.

개인적으로 서관면옥의 면 스타일을 너무 좋아합니다. 분명 다른 곳들과 차별화된 부분이 있다고 생각하는데요. 서관면옥의 제면에 차별화된 부분에는 어떠한 것이 있을까요?

평양냉면이 비교적 단순하고 간결한 음식이다 보니 주재료인 메밀은 냉면의 시작과 끝입니다. 조금 과장해서 표현하자면 메밀은 가장 중요한 메인 재료이자 서관면옥에 있어서는 '정신과 전부'라고도 할 수 있습니다. 그만큼 저희는 메밀에 대해서 가장 크게 신경 쓰고 집중합니다.

서관면옥의 면은 제주산 단 메밀과 쓴 메밀만 100% 사용하며, 이 둘을 블렌딩하여 메밀 면을 만들고 있습니다. 이때, 이미 제분되어 있는 메밀가루를 구매해서 사용하지 않습니다. 섬세한 메밀 향을 신선하게 즐길 수 있도록 매장에 설치되어 있는 제분기로 매일 아침 메밀 쌀알을 제분하는 과정을 우선시합니다. 제분에 있어서 현재까지도 다양한 방식의 테스트를 멈추지 않고 있습니다. 어떤 메밀을 어떤 방식으로 제분하느냐가 계절과 날씨에 따라 달라져야 하는 메밀 면의 컨디션을 좌우하기도 합니다. 그만큼 메밀 면을 만드는 일은 꽤나 정성이 필요합니다.

지금은 서관면옥의 이미지와 가장 잘 어울리는 면을 만들어내고 있다고 자부합니다. 우리의 면은 강하면서도 섬세한 서관의 이미지를 반영하고 있습니다. 지금의 면이 탄생할 수 있도록 제면 기술에 있어 큰 조언을 해주신 선생님이 한 분 계십니다. 바로 강화도 '서령'의 대면장님이십니다. 대면장님께 많은 도움을 받아 지금 수준의 업그레이드된 제면 기술을 익힐 수 있었습니다. 현재 국내에서 메밀 면 기술에 있어서는 서령의 대면장님을 따라갈 전문가는 없다고 생각합니다. 지금도 여전히 서령의 냉면을 마주할 때마다 겸손한 마음과 좀 더 나아가야겠다고 다짐합니다.

메뉴의 플레이팅이나 식당의 분위기가 매우 고급스럽습니다. 기존 1세대 냉면집들과는 달리 맛 이외에 시각적인 부분도 서관면옥의 정체성이 많이 들어가 있다고 생각하는데요. 처음 계획하실 때 어떠한 부분에 초점을 맞췄는지 궁금합니다.

네, 맞습니다. 처음 서관면옥을 설계할 때부터 기존 노포들과는 다른 방향성을 가지고 접근했습니다. 그렇다고 기존 노포 냉면집의 전통과 멋을 부정했던 것은 전혀 아닙니다. 아니, 오히려 수십 년간 쌓인 그들의 멋을 더 돋보이게 만들 수 있는 방법을 고민했다고 말하는 게 맞는 것 같습니다. 노포가 가진 향수와 노포에서는 느낄 수 없는 매력이 동시에 있는 그런 공간이면 소비자들에게 특별한 경험을 드릴 수 있을 거라고 생각했습니다. 제가 중요

하게 여기는 가치관 중 하나로, '두드러지지 않는다는 것은 보이지 않는 것과 같다'라는 것이 있습니다. 그래서 서관면옥은 확실한 콘셉트가 있는 냉면집으로 만들고 싶었고 그렇게 구현해 냈습니다. 음식을 즐기는 공간과 그 음식 자체의 모습에서 대중의 음식, 예로 부터 '국수'라고 불리는 이 평범한 음식에 성의 있는 식사, 대접하는 마음을 담고 싶었습니다. 그래서 음식을 담아내는 기물 하나도 기품 있는 도자기를 선택했고, 고가면서 관리가 어렵지만 전통을 잃지 않는 유기를 사용했습니다. 담겨 있는 모양새에서부터 대접받고 있다는 느낌을 받고 계시다면 제가 보여드리고 싶은 서관면옥이, 고객님들을 맞이하는 마음이 전해진 것 같습니다.

**조금 과장해서 표현하자면
메밀은 가장 중요한 메인 재료이자
서관면옥에 있어서는 '정신과 전부'라고
할 수 있습니다.
그만큼 저희는 메밀에 대해서
가장 크게 신경 쓰고 집중합니다.**

인기 메뉴인 서관면상은 평양냉면을 잘 모르는 고객들이 봐도 이윤적인 측면을 크게 고려하지 않은 구성으로 보일 것 같아요. 낮은 가격으로 고퀄리티의 냉면정식을 선보이는 이유가 궁금합니다.

신생 냉면집으로서 노포와 차별화되는 화제성이 필요했던 것이 서관면상을 고안한 이유입니다. '너무 상업적인 생각이 아닌가?'라고 비판하시는 분들도 계실 테지만 후발 주자로서 서관면옥의 정체성을 효과적으로 보여줄 수 있는 우리의 상징이 꼭 필요했습니다. 모든 분들에게 서관면상을 내어드릴 수는 없지만, 우리가 손님에게 전하고 싶은 메시지를 그 한 상을 통해 널리 알릴 수 있을 것이라고 생각했습니다. 서관면상은 전통을 지켜나가며, 시간으로 음식을 만들고, 그것의 가치를 원하는 이들을 찾아갑니다. 서관면상의 가격은 저희에게 중요

한식이 이미 세계에서 그 위상을 높이고 있지만, 전 세계에서 유일한 극한의 찬 음식 냉면을 중심으로 한식을 알리고 그 격을 높이는 일에 서관면옥이 앞서고자 합니다.

하지 않습니다. 한식의 한 중심을 맡고 있는 냉면의 격을 올리겠다는 서관면옥의 의지를 담아낸 것이 서관면상이기 때문입니다.

최근 은평한옥마을에 또 다른 서관면옥을 오픈하셨습니다. 교대 본점과의 차이점은 무엇이며 2호점을 통해 어떠한 부분을 기대하고 있으신지요.

질문의 포인트와 정반대의 답을 드려야 할 것 같습니다. 서관면옥의 두 번째 프로젝트인 은평한옥마을점을 준비하면서 가장 중시했던 부분은 교대 본점에서 그간 서관면옥 고객들이 만족했던 우리의 맛과 경험을 새로운 공간에서 변함없이 누릴 수 있는 방법을 찾는 것이었습니다. 본점과 다른 메뉴, 다른 구성, 새로운 시도에 대한 생각을 전혀 하지 않았던 것은 아닙니다. 하지만 서관면옥이 가장 잘하는 것과 고객들이 서관면옥을 좋아하는 이유를 돌아봤을 때 교대 본점과 완전히 동일한 음식을 준비하는 것이 무엇보다 최우선이었습니다.

한옥마을이라는 전통적인 공간에 자리 잡은 만큼, 은평한옥마을점을 찾으시는 고객들이 교대 본점에서 느끼지 못한 플러스 원을 하나 더 가져가셨으면 하는 마음입니다. 도심을 벗어나 자연과 가까운 마을에서 멀리 북한산의 멋진 자태를 저희 음식과 함께 즐기시길 희망합니다. 그리고 한옥마을이라는 공간 자체가 가진 힘이 있을 것입니다. 가장 전통적인 것을 지향하는 공간에서 옛것으로부터 새로운 도전을 하는 서관면옥의 한 상을 즐기면서 은평점에서만 느낄 수 있는 전통의 멋을 추가로 즐기시길 바랍니다.

앞으로 계획이나 목표가 있으실까요?

여러 가지 프로젝트를 구상 중이지만 지금 말씀드릴 수 있는 건, 앞으로 몇 년간 서관면옥은 매장 수를 좀 더 늘리는 일에 집중할 것이라는 겁니다. 지금의 서관면옥은 서관면옥을 구성하는 가장 중요한 요소이자, 첫 번째 고객인 우리 직원들, 서관면옥의 가족들이 있었기에 가능했습니다. 지난 3년의 팬데믹 동안 모든 자영업자분들이 그러하셨듯이 서관면옥도 크고 작은 어려움에 직면했었습니다. 하지만 우리 가족들이 힘을 합쳐 어려움을 이겨낼 수 있었습니다. 힘들었지만 견뎌냈고 양보했고 서로 응원하며 그 시간을 버텨냈습니다. 자랑스럽고 고마운 그들과 함께 2027년까지 총 7개의 국내 지점을 확장해 나갈 것입니다. 더 많은 고객들에게 서관면옥의 음식을 선보이고 사랑받겠습니다. 더불어 평양냉면의 세계화에도 기여하고 싶습니다. 한식이 이미 세계에서 그 위상을 높이고 있지만, 전 세계에서 유일한 극한의 찬 음식 냉면을 중심으로 한식을 알리고 그 격을 높이는 일에 서관면옥이 앞서고자 합니다. 감사합니다.

STEEL

서령

정종문 면장·이경희 대표, @seoryeong_official

강화도를 넘어 현재 전국구에서 가장 핫한 평양냉면 식당 중 하나로 거듭난 서령. 사장님 내외분을 만나 개업 이야기와 식당 운영에서 궁금했던 몇 가지를 물어본다.

너무나도 짧은 시간에 전국구 핫플레이스로 거듭났습니다. 수도권에서 멀리 떨어진 강화도에서도 외딴 곳에 업장을 꾸리셨습니다. 이윤적인 측면만을 고려한 결정은 아니었으리라 생각합니다. 이곳에 개업하실 때 어떠한 계획이 있었는지 궁금합니다.

특별한 계획이 있었던 건 아니었어요. 오너 셰프로 20여 년간 365일 쉬지 않고 순메밀 국수에 매진하면서 온 에너지를 쏟으며 달려오다 보니 어느 순간 건강이 안 좋아져 휴식이 필요하다는 생각이 들었어요. 전국을 여행하면서 쉴 곳을 찾던 중 포근하게 감싸주는 강화도에 매력을 느껴 이곳에 정착하게 되었습니다. 휴식기를 갖고 건강이 회복될 때쯤 우리가 가지고 있는 기술과 노하우로 강화 사람들에게 멀리까지 찾아가야 하는 평양냉면을 가까이에서 맛 보여드리고, 평양냉면이 어떤 음식인지 알리고 싶은 소망이 생겼어요. 규모가 크고 장사가 잘되는 만큼 운영에 있어 많은 어려움이 있었기에 작은 곳에서 시작하게 되었고요.

개인적으로 서령이 유명해진 이유는 수준 높은 냉면 맛이라고 생각합니다. 사장님 두 분께서 생각하시는 서령 냉면의 특징이나 다른 식당들과 구별되는 차별점이 있다면 무엇일까요? 그리고 조리하실 때 특별히 염두에 두시는 부분이 있다면 어떤 것들이 있는지도 궁금합니다.

평양냉면에서 가장 중요한 건 메밀 면과 육수입니

다. 매일 6시간씩 준비해야 하는 육수와 순메밀 면을 만들기 위한 준비 과정이 굉장히 까다롭기 때문이죠. 특별히 다르다고 생각하고 있지는 않지만, 서령의 기본 원칙은 좋은 재료부터 시작됩니다.

메밀은 가을에 추수한 가장 좋은 메밀을 일 년 사용할 양만큼 매입합니다. 햇메밀의 풍미를 1년간 맛볼 수 있도록 일정 온도를 유지해 저장 및 보관하고, 당일 아침에 습도와 점도를 맞추어 블렌딩하여 제분하고, 주문 즉시 반죽해서 눌러 삶아 냅니다. 순면은 미리 반죽해 놓으면 점성이 약해져 힘없이 부서지기 때문에 주문과 동시에 반죽이 시작됩니다. 순면을 가장 맛있게 드실 수 있는 상태로 만들어 내는 것, 식감을 살리고 곡향을 극대화하는 최상의 컨디션의 면을 만들어 드리는 게 서령만의 차별점이 아닐까요.

육수 또한 기본은 재료죠. 서령만의 육수를 만들고 싶어 1년간 버린 한우가 100마리는 될 것 같아요. 그 수고로움으로 완성된 육수가 지금의 서령 육수입니다. 서령은 강화도 로컬 정육점 '섬고기'의 최상급 강화 섬 암소 한우로 끓여 내는데요. 매일 새벽 핏물 제거 작업부터 시작해 끓이고 기름 걷고, 식히고 기름 걷고를 반복하여 완성되기까지 6~7시간이 걸려요. 가장 힘들지만 가장 보람 있는 과정이기도 합니다. 여전히 평양냉면은 참 어려운 음식이라는 생각이 들어요. 지금도 하루하루 육수와 전쟁을 치루지만 고객님들께서 육수 한 모금을 들이켜고 고개를 끄덕이며 미소 지어주실 때마다 행복하고 에너지가 충전됩니다.

수도권 분들은 새벽에 준비해서 줄 서지 않으면 아예 맛볼 수 없을 정도로 많은 고객들이 찾는 인기

식당이 되었습니다. 서령을 통해 좋은 음식에 거리는 아무런 문제가 되지 않음을 명확히 알게 되는데요. 이렇게 먼 길을 마다하지 않고 찾아주시는 손님들에게 느끼는 감정은 특별할 것 같아요.

너무나 과분한 사랑을 받고 있죠. 얼떨떨하고 가슴 벅찹니다. 먼 길을 마다 않고 방문해 주시는 고객님을 뵐 때마다 매일매일 감사하고 감동입니다. 평양냉면의 불모지인 강화도에서 서령 평양냉면을 시작할 때만 해도 이렇게까지 큰 사랑을 받을 줄은 상상도 못 했어요. 냉면 한 그릇이 손님상에 나가기까지 준비하는 시간이 영업시간보다 길거든요. 그 진심, 노력을 알아주시고 응원해 주시는 분들 덕분에 힘든 과정을 행복한 마음으로 즐기고 있습니다.

당일 아침에 습도와 점도를 맞추어 블렌딩하여 제분하고, 주문 즉시 반죽해서 눌러 삶아 냅니다. 순면을 가장 맛있게 드실 수 있는 상태로 만들어 내는 것, 식감을 살리고 곡향을 극대화하는 최상의 컨디션의 면을 만들어 드리는 게 서령만의 차별점이 아닐까요.

서령에 대한 강화도 내 지역민들의 반응이 궁금합니다. 지역민들 시각에서는 생소한 평양냉면 식당이 뜬금없이 생겼는데 타지 사람들도 어떻게 알고 찾아오는지 엄청 몰리기까지 합니다. 어찌 된 상황인지 영문을 모르시는 분들도 많을 것 같습니다.

강화도가 북한과 가까워서 실향민이 많아요. 서울로 평양냉면 드시러 다니던 분들도 강화에 평양냉면 집이 생겨 너무 반가워하시고 "건강하게 오래오래 좋은 음식 만들어주세요"라고 말씀해 주시며 격려도 많이 해주십니다. 평양냉면을 잘 모르셨던 분들도 강화도 핫플이 된 서령을 관심 갖고 응원해 주셔서 감사드리고 있습니다. 물론 이 집은 운이 텄네 하며 말씀해 주시는 분도 계시죠. 하하.

앞으로 계획이 있다면 어떠한 것들이 있을까요?

멀리서 오시는 분들께서 지점을 내달라는 요청을 많이 하시는데요. 아직 특별한 계획은 없어요. 서령을 찾아주시는 분들께 1년 후, 10년 후에도 변함없는 맛을 지키고 있겠다는 약속을 해 드리고 싶어요. 평양냉면을 얘기할 때 서령이란 이름이 한 번쯤 거론되고 "참 괜찮은 집이다"라는 말을 듣는 게 바람입니다. 좋은 계획 생기면 전해드리겠습니다.

서울 북부

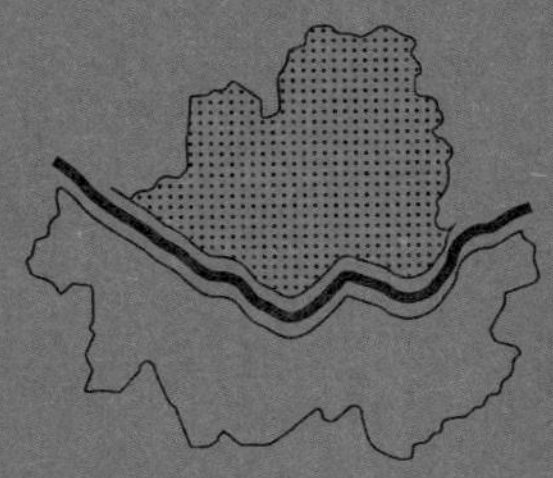

우래옥 | 필동면옥 | 평래옥_본점 | 광화문국밥_본점 | 강서면옥_본점
평양면옥_장충동 본점 | 남포면옥 | 부원면옥 | 유진식당 | 을밀대_본점
평안도상원냉면 | 우주옥 | 전통평양냉면 제형면옥_하계점 | 서북면옥
만포면옥_은평본점 | 여러분평양냉면 | 태천면옥 | 색다른면

우래옥

부동의 왕좌, 우래옥

주소 서울 중구 창경궁로 62-29
주요메뉴 평양냉면·비빔냉면·온면·김치말이냉면·육개장 16,000원, 불고기 37,000원, 갈비 53,000원, 육회 58,000원

又來屋
Woo Lae Oak
62-29

미사여구가 필요 없는 곳이다. 부동의 왕좌. 가장 좋아하는 평양냉면 식당을 논할 때면 언제나 입에 오르내린다. 우래옥의 뜻은 '다시 찾아온 집'이다. 처음에 '서북관'이라는 상호로 식당을 오픈했다가 6.25전쟁이 지난 후 '우래옥'으로 개명했다.

서울의 가장 중심 지역에서 6.25전쟁을 포함한 대한민국 격동의 근현대사를 고스란히 품고 있는 식당으로, 존재 자체가 역사인 곳이다. 우래옥 냉면 한 그릇을 '서울의 역사가 담긴 맛'이라고 해도 과언이 아니다. 기나긴 세월과 음식의 독창성만으로도 대한민국 최고의 평양냉면 식당이라는 것에 반박할 수 있는 사람은 많지 않다.
장충동과 의정부 두 평양면옥이 긴 세월 동안 계파를 이루며 엄청난 명성과 세력을 키웠지만, 우래옥은 따로 계파를 형성하지 않고 독자성을 유지해왔

정기적으로 방문해 줘야
마음의 평화가 찾아오는 우래옥이지만
기본 두 시간을 견뎌야하는 말도 안되는
웨이팅은 그 어느 곳보다 고역이다.
평일 세시쯤 탑골 공원 비둘기처럼
유유히 찾아갈 수 있는 자가 승자다.

다. 공식적으로는 세력을 넓히지 않았지만, 봉피양을 포함한 대한민국 냉면 후발주자들에게 막대한 영향을 끼쳤다.

육수의 풍부한 육향을 논할 때 우래옥을 판단의 기준점으로 삼는 사람들이 많다. 그만큼 '좋은 육향=우래옥'이라는 공식이 사람들의 머릿속에 정립되었기 때문이다. '평양냉면은 슴슴하다'라는 일반화의 오류를 깨는 데 우래옥만 한 곳이 또 있을까.
냉면 국물에 밥 말아 먹기가 유행이었던 적이 있다. 다소 억지스러운 유행이었지만 이에 시초가 되는 김치말이 냉면(냉면 아래 밥이 깔려 있는)이 우래옥에는 이미 존재하고 있었다. 김치말이 냉면은 우래옥 기본 냉면에 비하면 김치와 참기름에 육향이 가려져 호불호가 갈리지만, 다양한 냉면의 세계관을 이해하기에는 매우 적절한 메뉴다.
전체적으로 가격대가 높은 편이다. 어린 시절, 우래옥에서 불고기를 먹는 사람들은 경제적으로 성공한 사람처럼 보일 정도였는데 그만큼 고급 한식당이라는 이미지가 강하다.
우래옥 냉면의 변화를 두고 한동안 말이 많았다. 하지만 냉면의 수준이 심각하게 훼손되었다는 생각이 들지는 않는다. 어느 업장이나 생존에 필요한 변화는 존재한다. 대중들의 입에 오르내린다는 것은 그만큼 식당에 대한 대중들의 기대치가 매우 높기 때문이라는 생각이 든다.

정기적으로 방문해 줘야 마음의 평화가 찾아오는 우래옥이지만 기본 두 시간을 견뎌야 하는 말도 안 되는 웨이팅은 그 어느 곳보다 고역이다. 평일 세 시쯤 탑골 공원 비둘기처럼 유유히 찾아갈 수 있는 자가 승자다.
원래 가족 단위의 손님이나 나이 지긋한 70~80대 어르신들이 많이 찾는 중후한 느낌의 식당이었으나, 최근 4~5년 사이 음식 방송의 영향으로 젊은이들의 방문이 기하급수적으로 늘었다. 시대가 바뀌고 MZ 세대들 중 우래옥 마니아들이 부쩍 늘었으니, 지금 우래옥 어르신들의 모습이 대략 30~40년 후 나의 모습이 아닐까.

필동면옥

필동면옥과 을지면옥의 차이는...

주소 서울 중구 서애로 26

주요메뉴 냉면·비빔냉면·온면 14,000원, 만둣국·접시만두 14,000원, 제육 30,000원, 수육 32,000원

필동면옥은 전국에서 가장 유명한 평양냉면 식당 중 하나로 성시경, 김현철 등 유명한 '맛잘알' 셀럽들을 단골로 거느리고 있다. 평양면옥(의정부)의 김경필 옹의 첫째 따님이 운영하는 곳으로, 의정부평양면옥에 가장 근접한 맛을 구현해 낸다. 이쯤 되면 의정부 계열 평양냉면 서울지부 1호 점으로 불리어도 무방하다.

유명세에 비해 매장이 그리 크지 않아 웨이팅 시간이 항상 길다. 주방에서 근무하는 직원들의 상황에 따라 일별, 시간별로 냉면과 제육에서 편차를 느끼는 고객들이 종종 있다. 자타공인 서울 대표 식당임에도 불구하고 컨디션에 따라 달라지는 맛과 투박한 응대 서비스는 많이 아쉽다.

필동면옥의 냉면을 이야기할 때 반드시 따라다니는 이름이 있다. 바로 얼마 전에 폐업한 을지면옥이다. 을지면옥은 둘째 따님이 운영했다. 평양면옥의 맛을 그대로 전수받은 자매가 나란히 중구에 자리 잡아 의정부 계열 냉면을 선보였던 것이다. 두 곳 모두 평양면옥의 풍미를 그대로 구현해 냈고, 담음새까지 그대로 복각했기에 유사점이 많았다. 웬만한 평양냉면 마니아들도 두 업장의 차이를 구분해 내는 것이 여간 어려운 일이 아니었다. 하지만 오랜 기간 각자의 상호를 내걸고 운영하면서 생긴 소소한 차이가 존재한다. 이번 필동면옥 소개에서는 마치 숙명의 라이벌 같았던 두 업장을 비교해 보려 한다.

CCTV

평양면옥의 맛을 그대로 전수받은 자매가 나란히 중구에 자리 잡아 의정부 계열 냉면을 선보였던 것이다. 두 곳 모두 평양면옥의 풍미를 그대로 구현해 냈고, 담음새까지 그대로 복각했기에 유사점이 많았다.

필동면옥과 을지면옥의 차이를 구분하기 위해 두 곳을 연속으로 방문해 냉면을 먹었다. 외향적인 차이부터 살펴보자면, 필동면옥은 대체적으로 계란 반쪽을 육수에 담가주는데, 을지면옥은 고기 고명 위에 다소곳이 얹어 낸다. 고춧가루와 파의 양은 필동면옥이 훨씬 많다. 고춧가루의 칼칼함이 느껴질 정도의 양이다. 을지면옥은 음식에 색감을 더하는 장식처럼 소량 뿌려져 있다.

필동면옥의 면은 을지면옥 보다 노릇한 색감을 띄며, 식감이 더 찰지고 곡향이 풍부하다. 이는 필동면옥 냉면의 특징이기도 하다. 육수의 간은 을지면옥이 필동면옥 보다 더 강하다. 육수를 한 모금 마시면 바로 알아차릴 수 있다. 입안에 퍼지는 육향의 여운 역시 더 오래 머문다.

내가 느낀 필동면옥과 을지면옥의 차이는 이 정도다. 이 비교는 어릴 적 궁금했던 '호랑이랑 사자랑 싸우면 누가 이길까' 정도의 궁금증에서 시작했다. 우리들의 상식 스승 내셔널지오그래픽은 이러한 밑도 끝도 없는 궁금증에 엄근진의 자세로 분석하여 늘 명쾌한 답변을 선물해 주지 않았던가. 그런 정도로 생각하면 즐겁겠다.

평래옥

본점

흔치 않은
닭 육수

주소 서울 중구 마른내로 21-1

주요메뉴 평양·비빔·온면 12,000원, 초계탕 30,000원(2인 이상), 제육 20,000원, 닭무침 20,000원, 평양식 어복쟁반 대 76,000원/소 56,000원, 평양손만두 11,000원, 녹두지짐 15,000원

을지로3가역(2호선) 11번 출구로 나와 5분 정도 내려가면 보이는 중부경찰서 사거리 앞에 위치해 있다. 평래옥은 '평안도에서 내려왔다'라는 뜻이다. 1950년에 개업한 곳으로 70년 역사를 자랑한다.(중구 일대 재개발로 인해 2008년 문을 닫았다가 2010년도 즈음 재개업했다.) 평양냉면 격전지인 중구에서 내공 있는 맛집을 논할 때 빠지지 않고 거론된다. 평양냉면 붐이 일기 전까지 초계탕으로 더 유명했던 곳이라 복날에는 인근에 위치한 유명 삼계탕 식당들과 함께 문전성시를 이룬다. 여의도에 분점이 있다.

평양냉면의 육수는 흔치 않은 닭 베이스로 평래옥만의 정체성이 확실하다. 다른 냉면들과 맛을 비교해도 쉽게 구분이 가능하다. 투박하게 썰어 올린 얼갈이배추는 육안으로 쉽게 구분이 가능해 사진으로만 봐도 평래옥 냉면임을 쉽게 알 수 있다. 맛도 고명도 다른 집들과는 확실히 차별화된 냉면이다.
원래는 꿩냉면으로 유명한 집이었으나 점차 주재료를 닭으로 바꾸어 현재의 모습을 유지하고 있다. 몇 년 전까지만 해도 현재와 같은 닭 육수에 꿩고기와 꿩 완자를 올려주는 꿩냉면이 있었다. 주재료의 변화가 있었던 식당인 만큼 예전부터 평래옥을 드나들던 어르신들 중 맛의 변화를 느끼는 분들이 존재한다.

평양냉면 격전지인 중구에서 내공 있는 맛집을 논할 때 빠지지 않고 거론되는 식당이다. 평양냉면 붐이 일기 전까지 초계탕으로 더 유명했던 곳이라 복날에는 인근에 위치한 유명 삼계탕 식당들과 함께 문전성시를 이룬다.

닭 육수는 소고기 육수보다 묵직한 풍미는 덜하지만 닭 특유의 깔끔하고 시원한 느낌이 살아 있다. 여기에 은은하게 올라오는 육향이 더해져 평래옥만의 독특한 맛을 낸다. 과하지 않은 달큰한 감칠맛이 도는 것이 특징이다. 면에서 느껴지는 메밀향도 다른 집들과 다르다. 메밀 향이 입안으로 강하게 치고 들어오지 않고 은은하며 순하다. 크게 호불호가 없는 식감이다. 이집의 대표 사이드 메뉴인 닭 무침 또한 빼놓을 수 없다. 닭 무침을 맛보는 것이 목적인 사람이 주변에 꽤 있을 정도로 별미 중의 별미다. 냉면과 함께 먹으면 더할 나위 없다.

광화문국밥

본점

잠시 힙스터가 되어
청순한 냉면을 맛보자!

주소 서울 중구 세종대로21길 53

주요메뉴 평양냉면 14,000원, 돼지국밥 9,500원, 피순대 17,000원
저염 명란오이무침 12,000원, 돼지수육 25,000원

박찬일 셰프를 좋아한다. 그가 쓴 <백년 식당>을 너무 재미있게 읽었다. 오래된 식당에 대한 그의 생각과 사람 냄새 묻어나는 표현들에 큰 매력을 느꼈다. 부원면옥에서 냉면 한 젓가락을 크게 뜨고 있는 책 표지 속 그의 모습은 노포의 정겨움과 동네 아저씨 같은 소탈한 이미지가 맞물려 그보다 더 매력적일 수는 없었다.

박찬일 셰프는 유럽으로 면 요리 유학을 다녀왔다. 그런 그가 면 요리 전문점이나 파스타 레스토랑을 오픈했다면 자연스레 이해가 되겠지만, '국밥' 타이틀을 달고 한식당을 오픈하다니, 그의 행보는 참으로 특이했다.
광화문국밥의 주메뉴는 돼지국밥과 평양냉면이며 그 밖에도 수육과 피순대 등 먹음직스런 사이드 메뉴가 준비되어 있다. 상호명대로 메뉴 중 돼지국밥의 인기가 가장 많지만, 평양냉면을 비롯한 다른 메뉴들도 맛이 꽤 정갈하다. 영업 5년차에 접어든 비교적 젊은 업장이지만 꾸준히 성장하여 현재는 판교를 비롯해 몇 개의 분점을 두고 있다.

처음 맛본 광화문국밥의 평양냉면은 다소 웃긴 표현일 수 있지만, 청순한 느낌이었다. 요즘 유행하는 강한 육향의 냉면들과는 정반대로 육수의 산뜻함을 최대치로 끌어올렸다. 육향이 은근히 올라오긴 하지만 육수의 기본적인 느낌 자체가 기존 냉면들과 사뭇 다르다. 유자향, 레몬향이 느껴진다는 평이 이해가 갈 정도로 산뜻하다. 흔히 알고 있는

돼지국밥 8.5
(특) 11.5
8.5
1.0
평양냉면 11.0
6.5
순면 13.0
7.0
돼지수육 23.0
13.0
소내포수육 30.0
저염명란오이무침 11.0
소왕갈비찜 56.0
매콤우족찜 45.0
피순대 15.0
매콤양무침 20.0
술국 18.0
25.0
소주 4.0
한라산 6.0
속초생탁 5.0
연태고량주 19.0

평양냉면의 육수와는 전혀 달라서 평양냉면을 처음 접하는 식객들은 당황스러울 수도 있다. 이곳에서 처음 평양냉면을 접한 분들은 일반화의 오류를 방지하는 차원에서 육향이 충분히 올라오는 다른 평양냉면도 필히 접해 보기를 권한다.

버크셔K 등급을 사용한 돼지고기 고명은 하얗고 부드럽다. 메뉴 중 수육은 이 돼지고기 고명만 제공된다. 식감과 육향이 매우 좋아 소주 안주로도 부족함이 없다. 피순대도 광화문국밥의 인기 메뉴다. 속이 꽉 차 있고, 냉면과 함께 곁들이기에 좋다.

이 식당에서 가장 흥미로운 부분은 가게 분위기다. 냉면 맛만큼이나 신선한 공간이랄까. 요즘 젊은이들 사이에서 무척 유행하는 을지로 카페나 펍의 힙한 느낌, 복합 문화 공간의 레트로하고 세련된 느낌을 풍긴다. 소위 말하는 힙한 바이브를 과하지도 부족하지도 않게 식당에 담아냈다. 출입문을 열고 들어가자마자 보이는 공간의 층고나 기본 골격들을 통해 짧지 않은 세월을 머금은 건물임을 단번에 알 수 있다. 세월의 흐름을 트렌드에 맞춰 해석했다. 20대 초반부터 40~50대 직장인들이 골고루 섞여 탈세대적이고 묘한 분위기를 연출한다. 기분 좋은 산뜻한 냉면 한 그릇을 맛보고 싶은 식객들에게 추천하고 싶은 곳이다.

처음 맛본 광화문국밥의 평양냉면은 다소 웃긴 표현일 수 있지만, '청순함'의 느낌을 주었다. 요즘 유행하는 강한 육향의 냉면들과는 정반대로 육수의 산뜻함을 최대치로 끌어올린 맛이다.

강서면옥

본점

**박정희 전 대통령이
사랑했던 냉면**

주소 서울 중구 세종대로11길 35

주요메뉴 평양물냉면 15,000원, 함흥비빔냉면 14,000원, 모듬버섯구이 15,000원
한우석쇠불고기·한우버섯불고기 32,000원, 어복쟁반 중 70,000원/대 100,000원

시청역 9번 출구 인근의 비좁은 골목에는 서울의 내로라하는 맛집들이 즐비하다. 강서면옥도 이 중 하나인데, 서울 대표 콩국수 식당인 진주회관과 골목 하나를 두고 자리하고 있다. 강서면옥을 방문하려 마음먹고 가도 진주회관의 유혹은 뿌리치기가 여간 어려운 일이 아니다. 이런 큰 유혹을 이겨내야만 맛볼 수 있기에 역세권에 있어도 접근성 난이도가 최상위다. 일단 강서면옥이 있는 뒷골목까지 도착하면 냉면 순례는 이미 성공이다.

강서면옥은 유서 깊은 1세대 평양냉면 전문점이다. 뼈대 있는 식당임에도 불구하고 조용히 은둔해 있는 느낌이 강하게 든다. 대한민국에서 오래된 식당 중에서도 높은 순위로 꼽히며, 현재 3대째 이어지고 있다.

1948년 평안남도 강서에서 시작된 식당은 6·25전쟁 후 평택을 거쳐 서울 서소문 인근에 자리를 잡았다. 강서면옥이 세간의 주목을 받았던 가장 큰 이유는 박정희 전 대통령이 사랑한 냉면으로, 청와대에 꽤 오랜 시간 납품한 이력 때문이다. 냉면을 불지 않게 가져가기 위해 청와대로 가는 신호등을 모두 청신호로 바꾼 '7분 배달' 일화는 유명하다. 또한 남북적십자회담 당시 북측 대표단에게 강서면옥의 평양냉면을 제공하여 큰 호응을 얻었는데, 이때 본토 토박이들에게 인정받았다는 사실은 여전히 어르신들의 뇌리에 깊이 남아 있다. 이쯤 되면 강서면옥의 냉면 한 그릇에 대한민국 근현대사가 고스란히 담겨 있다 해도 과언이 아니다.

냉면 육수는 누르스름하고 투명하다. 고기 향보다

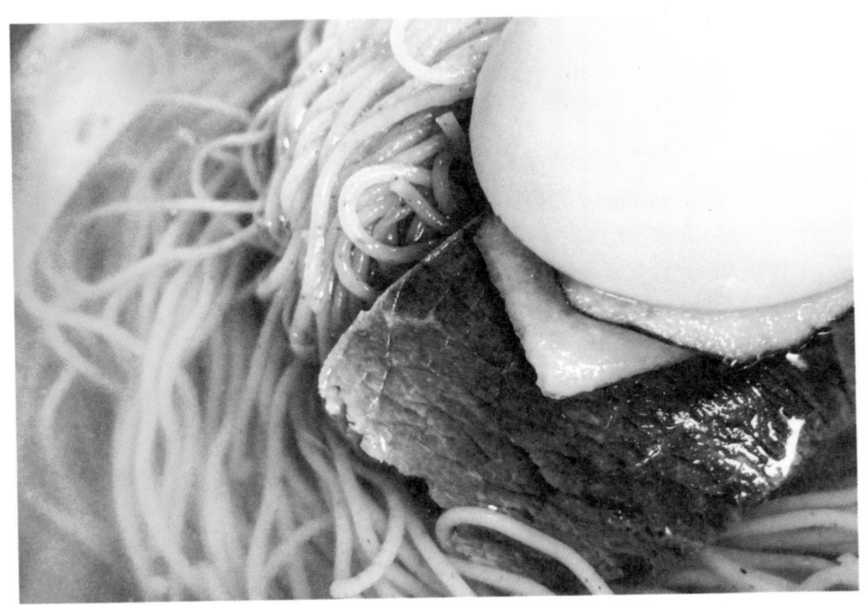

강서면옥

는 간장과 동치미의 단맛이 강하게 느껴진다. 입에 착 감기는 감칠맛이 특징이며 가볍고 청량하다. 한우로 육수를 뽑아낸 후 동치미와 섞어 일주일간 숙성 과정을 거치는 것이 차별화된 강서면옥의 육수 제조 과정이다.

메밀의 함량이 높은 면은 아니다. 전분의 비율이 상대적으로 높아서 찰기가 강하다. 개인적으로 얇게 제면된 면을 좋아하는 터라 식감이 생각보다 좋게 느껴진다. 봉평 메밀을 사용하며, 면의 향보다는 청량한 육수와 어울리는 식감에 초점을 맞춘다. 면보다는 육수의 매력이 강하게 느껴지는 냉면으로 고기와 함께 곁들여 먹기에 좋다. 그윽한 육향의 풍미를 원하는 식객들에게는 호불호가 크게 갈릴 수 있겠다.

물론 본점을 선호하는 분들도 있지만, 특이하게도 서소문 본점보다는 압구정 분점의 평이 상대적으로 좋다. 분점을 거느린 대형 식당들 중 거의 유일무이한 청출어람 격인데, 대부분의 대형 식당 분점들이 본점의 맛과 아우라를 따라가지 못하기에 다소 흥미로운 부분이다.

본토 토박이들에게 인정받았다는 기억은 어르신들의 뇌리에 생각보다 깊이 남아있다. 강서면옥 냉면 역시 우래옥과 마찬가지로 대한민국 근현대사의 역사를 고스라니 담고 있는 냉면이다.

평양면옥

장충동 본점

짬에서 나오는 바이브
변함없는 전통의 강호

주소 서울 중구 장충단로 207

주요메뉴 냉면·비빔냉면·온면·만두국·접시만두 15,000원, 제육 34,000원, 불고기 37,000원, 어복쟁반 100,000원 우래옥, 을밀대 등 수많은 전통의 강호들이 자신만의 독자성을 유지하며 명맥을 유지하지만, 평양냉면의 거대한 줄기는 장충동 계열과 의정부 계열로 나뉜다. 평양면옥(장충동 본점)은 장충동 계열의 뿌리이자 대표 주자이다. 냉면의 맛을 떠나 평양면옥(장충동)이 유명한 이유는 이름만으로도 흔히들 말하는 '원조'라는 큰 역사적 상징성을 내포하기 때문이다. 3대째 가업을 유지하고 있으며, 서울과 경기도 곳곳에 뿌리내린 장충동 계열 평양냉면의 시발점이 된다.

평양냉면은 집 김치와 비슷하다는 생각을 한다. 멀찍이 떨어져 보면 같은 김치지만, 각 가정 특유의 제조와 저장 방법에 따라 그 맛이 천차만별이다. '맛있다'의 기준 역시 상대적인 것이므로 어느 집 김치가 더 맛있다는 주장은 큰 의미가 없다. 모든 음식이 그렇지만, 유독 평양냉면은 불호가 극명하게 나뉜다. 특히 장충동 계열을 선호하는 사람들과 의정부 계열을 선호하는 사람들이 논쟁을 펼치는 것을 종종 보는데, 그럴 때면 평양냉면도 김치처럼 다양성이 존중되면 좋겠다는 생각이 든다. 각각의 취향 차이를 이해하고 그저 '평냉으로 대동단결' 할 수 있기를 바란다.

장충동 계열 평양냉면은 역사만큼 육수와 면에서 독자적인 풍미를 자랑한다. 의정부 계열보다 육향이 약한 편이지만, 장충동 계열만의 은은하고 담백한 맛을 느껴본 사람들은 장충동 계열 냉면에서 헤어 나오지 못한다. 최근에는 장충동 고유의 풍미를 새롭게 발견한 젊은 층의 식객들도 꾸준히 늘어나

평양면옥

고 있다. 면 스타일 역시 수많은 후발 주자들에게 끊임없이 연구될 만큼 독보적이다. 그만큼 육수와 면의 완성도가 높고 대중적이라는 뜻으로 해석할 수 있다.

최근 육수의 염도가 점점 높아진다는 평이 있다. 아마도 '평양냉면은 밍밍하다'는 대중들의 평을 의식한 듯하다. 하지만 장충동 고유의 고급스러운 맛과 멋을 느끼기에는 전혀 무리가 없다. 개인적으로 예전의 풍미가 그립지만, 시대상을 반영한 원조의 변화는 주관적인 판단을 최대한 뒤로하고 존중하는 자세가 필요하다. 어쨌든 '원조는 원조, 진짜는 진짜'를 증명하는 곳이다.
장충동 평양면옥은 이북식 만두로도 유명하다. 시그니처 메뉴인 냉면의 유명세에 가려져 드러나지 않을 뿐, 평양면옥 만둣국 마니아들 역시 생각보다 넓게 포진되어 있다. 잘게 다져진 숙주와 두부, 고기로 꽉꽉 채워진 만두소가 특징이다.

전통의 강호들은 짬에서 나오는 바이브가 있다는 사실을 잊어서는 안 된다. 역사만으로 존재 가치가 명확히 증명되는 식당들은 신생 업장들이 쉽사리 흉내 낼 수 없는 디테일한 필살기 혹은 큰 울림을 줄 수 있는 묵직한 한방을 지니고 있다.

장충동 계열 평양냉면은 역사만큼 육수와 면에서 독자적인 풍미를 자랑한다. 의정부 계열보다 육향이 약한 편이지만, 장충동 계열만의 은은하고 담백한 맛을 느껴본 사람들은 장충동 계열 냉면에서 헤어 나오지 못한다.

남포면옥

동치미 계열
평양냉면의 산증인

주소 서울 중구 을지로3길 24
주요메뉴 냉면 15,000원, 갈비탕 15,000원,
어복쟁반 대 95,000원/중 85,000원

노포 맛집들이 즐비한 을지로입구역 3분 거리 먹자 골목에 자리한 남포면옥은 우래옥과 함께 전형적인 서울의 근대식 고급 레스토랑으로 손꼽힌다. 역사적으로 유서 깊은 식당에 들어가면 음식을 맛보지 않아도 몸으로 느껴지는 기운이 있다. 오로지 음식으로만 승부하며 몇십 년을 이어온 노포들은 오랜 세월 동안 자신만의 고유한 분위기를 갖추게 된다. 그래서 남포면옥, 우래옥처럼 음식에 맞는 콘셉트를 잡고 적절한 인테리어를 갖춘 식당들은 고전적 아우라를 풍긴다. 세월에 따라 손때를 타고 잘 길들여진 악기처럼 묵직하고 안정감 있는 감동을 준다.

식당에 들어서면 바로 보이는 '손님은 왕이다'라는 문구 또한 지나간 세월을 말해준다. 오래된 노포답게 각계각층 고위 인사들의 사인이 걸려 있다. 서로 다른 이념을 지닌 정치인들도 남포면옥에서만큼은 대통합을 이루는 모습을 볼 수 있다.

남포면옥은 한국을 경험하고 싶은 외국인 친구가 있다면 소개해 주고 싶은 곳 중 하나다. 오래된 식당의 분위기를 느끼는 것만으로도 서울의 고층건물, 쇼핑 등을 통한 현대적인 즐거움과는 다른 의미의 훌륭한 경험을 선사할 것이다. 그간 오갔던 손님들의 온기와 손때로 조금씩 닳아 있는 곳곳의 흔적을 보며 소박하고 일상적인 서울의 진짜 모습을 체험할 수 있을 것이다. 이러한 생각을 가지고 있는 사람들이 많은지 남포면옥의 한두 테이블에는 항상 외국인 바이어와 함께 온 직장인(회사원), 그리고 외국 여행객들이 앉아 있다.

<남포면옥>
사랑이 번져라!
문재인
이명박
2月4日

아무런 정보 없이 처음 이곳 냉면을 접한 사람들은 당황스러울 수 있다. 특히 굵직한 육향이 올라오는 육수를 기대했다면 높은 확률로 실망할 수밖에 없을 것이다. 최근 고기로만 육수를 우려내는 집이 부쩍 많아졌으나 일반적으로 평양냉면 육수는 고기를 우려낸 국물에 동치미를 섞어 감칠맛을 조절한다. 그러나 남포면옥은 소고기 육수의 비율이 현저히 낮아 육향이 거의 느껴지지 않고 강한 동치미 맛이 그 자리를 대신한다. 포인트는 깔끔한 끝맛이다. 육수를 넘기고 입가에 육수의 끝맛이 남을 때쯤 칼칼하고 매콤한 맛이 느껴진다.(청양고추 맛으로 추측해 본다.) 정갈하고 깔끔한 끝맺음이다. 언젠가부터 깔끔함을 선사하던 알싸한 느낌이 약해지고 단맛이 강해졌는데, 이 맛을 아는 많은 사람들은 예전의 쩡함과 개운한 풍미를 그리워하곤 한다. 남포면옥만이 표현할 수 있었던 독자성을 기억하는 고객들을 납득시키고 아우를 수 있기를 바란다.

남포면옥은 전통적인 방식을 고수하며 동치미를 중심으로 정체성을 지켜나가고 있다. 가게 내부의 좁은 마당에는 항아리가 묻혀 있다. 남포면옥 냉면의 핵심, 동치미가 담긴 항아리이다. 숙성 순서와 날짜를 적어 둔 손 글씨에서 이 집만의 고집이 느껴진다.

평양냉면의 기원을 보면, 먹을 것이 부족했던 겨울, 꽁꽁 언 동치미 국물에 메밀 면을 말아 먹던 선조들의 모습을 발견할 수 있다. 이불을 뒤집어쓴 채로 덜덜 떨며 차가운 면을 먹었다 하여 일명 '덜덜이 냉면'이라는 별칭이 생겼다. 당시 평양냉면은 가난한 서민들이 끼니를 때우기 위한 겨울철 생존 음식이었음에 조금은 숭고해진다. 과연 조상님들께서 풍요로워진 먼 미래에 평양냉면이 미식의 기준이 될 줄 어찌 예상이나 했겠는가. 그간 풍미의 변화가 꽤 있었어도 남포면옥은 동치미 계열 냉면을 역사적으로 이해하는 데 중요한 식당 중 하나다. 따라서 동치미 평양냉면이 궁금한 식객들은 반드시 거쳐야 할 필수 코스라고 할 수 있겠다.

가게 내부의 좁은 마당에는 항아리가 묻혀 있다.
남포면옥 냉면의 핵심, 동치미가 담긴 항아리이다.
숙성 순서와 날짜를 적어 둔 손 글씨에서 이 집만의 고집이 느껴진다.

부원면옥

남대문시장 상인들의 소울푸드

주소 서울 중구 남대문시장4길 41-6 부원상가 2층
주요메뉴 물냉면 10,500원, 비빔냉면 11,000원,
빈대떡 5,500원, 닭무침·제육무침 15,000원

흔히 인생의 희로애락을 함께하는 음식을 '소울 푸드'라고 부른다. 남대문 시장에서 부원면옥은 50년간 상인들의 희로애락을 함께한 친구이자 동료다.

광화문국밥에서도 언급했지만, 박찬일 셰프의 <백년 식당>을 무척 재밌게 읽은 기억이 있다. 추억의 노포를 찾아 자신의 이야기를 단골 식당과 함께 소개한 책이었는데, 부원면옥에서 냉면을 먹고 있는 표지 속 그의 사진은 인간적인 매력과 함께 식당에 대한 궁금증을 불러일으키기 충분했다.

부원면옥은 음식의 맛을 떠나 존재 자체로 의미가 깊은 곳이다. 남대문시장에 터를 잡은 상인들과 오랜 시절을 함께해온 유대감, 그리고 이 지역의 추억을 공유하는 지역민들에게 특별한 만족감을 선사한다. '서민 음식'은 부원면옥을 표현하기에 가장 적절한 단어다.

손칼국수
보리비빔밥
냉면
손칼국수
부원냉면
2F

아무런 정보 없이 부원면옥의 냉면을 처음 접한 사람들은 다소 낯선 맛에 당황할 수 있다. 평양냉면 마니아에게는 그 맛이 이곳만의 독특함으로 기억될 수 있지만, 누군가에게는 다소 비릿한 육수의 첫맛과 쿰쿰한 면이 호불호가 극명하게 갈릴 수 있다. 구수한 소고기 육향을 품은 평양냉면과는 극명하게 다르니 맛 평가를 확인한 후 방문할 것을 권한다.

간간하고 담백한 육수를 입안에 머금고 있으면, 한참 뒤에 강한 단맛이 훅 퍼진다. 달큰한 육수로는 수도권에서 최상위권이라 봐도 무방하다. 옥천냉면의 시원함도 느껴지고 어느 정도의 단맛을 제외하면 어렴풋이 유진식당의 냉면 맛도 느껴진다. 달큰한 맛 때문에 돼지고기로 육수를 낸다는 오해를 받는 경우가 많지만 기본 육수는 소 사골이다. 기본 육수에 돼지고기를 넣어 한 번 더 끓여내는데, 이 과정에서 부원면옥만의 독특한 풍미와 달큰함이 만들어진다. 식당 입장에서는 기본 육수가 돼지고기가 아닌 소 사골이라는 사실을 대중들에게 인지시키는 것 또한 매우 중요해 보인다.

면은 찰기가 강한 것으로 보아 메밀 함량이 그리 높지 않은 듯한데, 면의 두께가 얇아 쫄깃한 식감이 매력적이다. 부원면옥을 제대로 즐기려면 냉면과 함께 빈대떡을 반드시 주문해야 한다. 돼지기름으로 튀겨낸 고소한 빈대떡은 이 집만의 별미다. 빈대떡만 먹으러 오는 손님이 많을 정도다. 닭 무침 또한 단골들만 아는 인기 메뉴다. 시장 상인을 대상으로 하는 노포의 특성상 가격이 매우 저렴하고 양이 많다.

흔히 인생의 희로애락을 함께하는 음식을 '소울 푸드'라고 부른다. 남대문시장에서 부원면옥은 50년간 상인들의 희로애락을 함께한 친구이자 동료다. 고급스러운 소고기 육수와 정갈하게 다듬어진 메뉴에 익숙한 젊은 세대들에게는 다소 낯설 수 있겠으나 조금은 투박하고 달큰한 풍미의 부원면옥 음식들이야말로 시장 상인들의 오랜 삶이 담겨 있는 소울 푸드가 아닐까?

유진식당

탑골 공원 어르신들의 (구)김밥천국

주소 서울 종로구 종로17길 40

주요메뉴 물냉면·비빔냉면 10,000원, 설렁탕·돼지머리국밥 6,000원, 회냉면 14,000원, 녹두지짐·돼지수육 9,000원, 소수육·소술국 15,000원, 설렁탕·돼지머리국밥 6,000원, 회냉면 14,000원

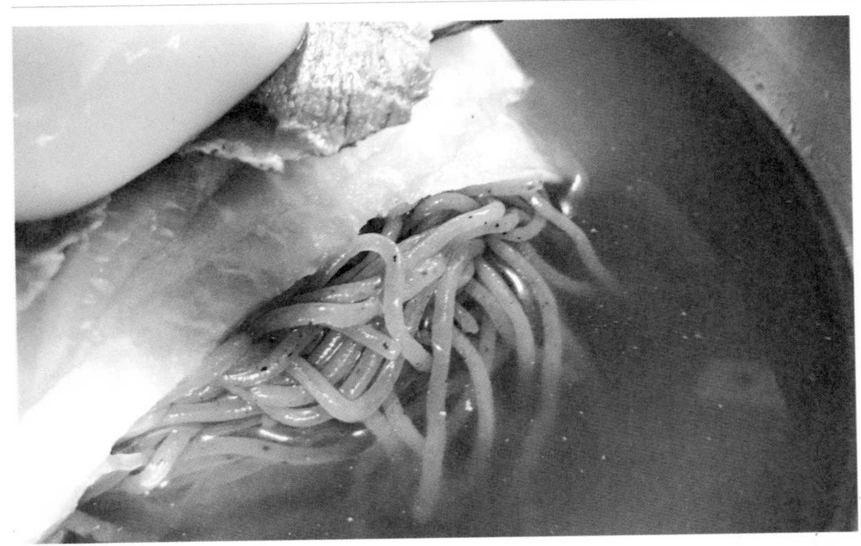

지금이야 줄 서서 먹는 맛집이 됐지만, 방송에 소개되기 전까지는 말 그대로 탑골 공원 어르신들의 아지트였던 곳이다. 몇 년 새 여러 맛집 프로그램들에 소개되어 유명세를 톡톡히 치렀는데, 사람 인생 어떻게 될지 모른다는 표현이 식당에도 적용된 가장 적절한 예가 아닐까 싶다.

유진식당은 엄청난 맛집이라기보다 저렴한 가격에 기대 이상의 만족감을 얻을 수 있는 곳이다. 근 10년 전만 해도 이곳은 식당 바로 앞 탑골 공원 어르신들의 사랑방 같은 곳이었다. 어르신들 기준으로 우래옥이 아웃백이라면, 유진식당은 김밥천국 되시겠다.

예전에는 젊은 사람들이 식당으로 들어서면 어르신들은 대화를 멈추고 낯선 젊은이를 물끄러미 바라봤다. 마치"왜 여기 들어온 거지?"라는 무언의 질문을 던지는 듯해 이곳을 부담스러워하는 지인들도 꽤 있었다. 지금은 주객이 전도되어 길게 줄을 서서 오픈 시간을 기다리는 젊은 미식가들이 탑골 공원 어르신들의 자리를 대신하고 있다. 오래전부터 유진식당을 들락거리던 사람들은 나처럼 미디어의 거대한 힘을 피부로 느꼈을 것이다.

태어나서 처음으로 소주를 잔술로 파는 모습을 이곳에서 접했다. 그 모습이 당시에는 적잖은 충격이었다. 풍족하지 않은 노인들 삶의 어두운 부분을 원치 않게 보게 된 느낌이었다. 지금 생각해 보면 주머니 사정이 좋지 않으신 탑골 공원 어르신들의 단골 식당이기에 자연스럽게 생긴 문화라고 이해가 된다.

허름한 이 업장의 시각적 포인트는 '알프레드 히치콕'을 닮은 대형 사진(사장님으로 추측된다)이다.

삼보
냉면기계
T.02-2266-5478

출입문을 열고 들어설 때 정면 벽에 크게 걸려 있다. 압도적인 그 사진을 보는 순간, 무릇 장인의 반열에서 부와 명예를 누릴 수 있는 외모에는 공통점이 존재한다는 가설을 믿게 된다. 배가 많이 고픈 날이면 그 사진만 봐도 파블로프의 개처럼 입에 침이 고이는 신비한 경험을 하게 된다.

유진식당은 저가 평양냉면 식당 중 가장 명성이 높은 곳이다. 지금은 가격이 많이 올라 예전보다 저렴하다는 느낌이 덜하지만 여전히 합리적인 가격에 큰 만족감을 경험할 수 있다. 가성비로 유진식당과 우열을 가릴 수 있는 곳은 서울 권역에서 평양면옥(오류동), 진영면옥, 서북면옥, 여러분평양냉면 정도로 추려진다.
고가의 냉면과 직접적인 비교를 하기에는 다소 무리가 있지만, 맛에 있어 식당 고유의 풍미를 지니고 있다. 육향이 제법 굵직하게 올라오며, 면은 메밀 함량이 적은 듯 질긴 느낌이 들지만 독특한 곡향을 품고 있다는 점이 이곳의 가치를 더한다. 아쉽게도 제면의 편차는 다소 있는 편이다.

모든 음식이 시골 잔치 집에서 나오는 것처럼 투박해 정돈된 플레이팅을 원하는 식객들은 다소 거부감이 들 수 있다. 여성분들과 함께 동행한다면 하드코어한 비주얼의 돼지수육보다 소수육이나 녹두전을 추천한다.
단, 남성분들은 훌륭한 식당을 찾았다는 기쁨에 굳이 여자 친구와 함께 방문하는 우를 범하지는 말자. '진짜 허름한 식당도 좋아해?'라고 방문 의사를 거듭 확인해 보는 섬세함 또는 센스가 필요하다.

유진식당은 엄청난 맛집이라기보다 저렴한 가격에 기대 이상의 만족감을 얻을 수 있는 곳이다. 근 10년 전만 해도 이곳은 식당 바로 앞 탑골 공원 어르신들의 사랑방 같은 곳이었다.
어르신들 기준으로 우래옥이 아웃백이라면, 유진식당은 김밥천국 되시겠다.

을밀대

본점

**자타공인
평냉계의 아이돌**

주소 서울 마포구 숭문길 24
주요메뉴 물냉면·비빔냉면 15,000원, 회냉면 18,000원,
녹두전 12,000원, 수육 대 70,000원/소 35,000원

을밀대는 인지도로 볼 때 평양냉면 식당 중에서 가장 유명한 곳 중 하나다. 매해 여름 폭염 특보와 함께 냉면집에 길게 늘어진 웨이팅 풍경으로 자주 취재되는 곳이기도 하다.

대중들에게 인기가 많은 만큼 논쟁 또한 끊이지 않는다. 소위 면스플레이너들(면 음식을 평가하는 사람들)의 주요 타깃이 되는 곳으로 유명한데, 아직까지도 을밀대의 냉면을 두고 평양냉면이 맞다 아니다의 논쟁은 진행 중이다. 쉽게 말해 정통파와는 거리가 먼 '사파'에 속하는 냉면이라는 것이 그 이유다.

서울 경기권에 기반을 둔 유서 깊은 평양냉면 식당들은 서로 약속하지는 않았지만, 평양냉면이라는 일정 기준 내에서 육수와 면의 식감 등을 유사하게 유지하는 경향이 있다. 그런데 을밀대만은 이 범주에서 꽤 벗어나 있다는 것이 논쟁의 주된 이유다. 진하고 독특한 감칠맛이 감도는 육수와 구불구불 거칠지만 매끈하게 입으로 빨려 들어가는 면의 특징은 일반적으로 생각하는 평양냉면과는 상당히 동떨어져 있다.

하지만 이러한 논쟁을 무색하게 할 만큼 을밀대는 자타 공인 평양냉면계의 아이돌이다. 시대를 잘 만난 덕도 있지만 평양냉면 대중화에 혁혁한 공을 세운 업장이라는 사실을 그 누구도 부인할 수 없다. 몇 년 새 젊은이들 사이에서 핫해진 을지로 인근의 평양냉면 노포들보다도 을밀대가 평양냉면 대중화에 기여한 공헌은 비교할 수 없을 정도로 높다.

을밀대에 자주 드나드는 사람들은 식당에 들어서면 일단 "거냉에 양 많이요"라고 주문한다. 이렇게 주문하면 살얼음 없는 육수에 양이 조금 더 많은 면을 추가 금액 없이 즐길 수 있다.

1세대 평양냉면 중 가장 스타성 있는 냉면이라 평가받는 데에는 몇 가지 이유가 있다. 지금이야 연령대가 꽤 낮아져 젊은 사람들도 평냉 순례의 길을 걷지만, 과거 을지로를 중심으로 포진해 있던 식당들과 장충동 계열의 단골손님들은 주로 실향민, 마을 토박이들이 많았다. 반면 을밀대는 오래 전부터 마포, 염리동 인근의 젊은이들의 발길이 상대적으로 많았다. 특히 2000년대 초중반부터는 그러한 경향이 더욱 뚜렷해졌다.
문화의 트렌드를 만들어내는 예술가 집단이 홍대, 마포 인근으로 모여들면서 젊은 사람들이 자연스럽게 을밀대를 알게 되었고 당시 을밀대 평양냉면의 맛을 아는 사람들은 문화적으로 앞서간다는 우월감을 은근히 풍기곤 했다. 지금은 젠트리피케이션으로 마포 인근의 상황이 많이 달라졌지만, 평양냉면이 대중화되기 훨씬 이전부터 을밀대는 온라인 바이럴에 능숙한 젊은 마니아층을 대거 형성하며 평양냉면 전성기를 구축하는 기폭제가 되었다. 근거 없이 유행이 만들어지지는 않는다. 음식의 맛과 독특함, 소위 말하는 오리지널리티가 갖춰져 있어야 가능한 일이다.

을밀대 냉면은 처음 먹는 사람들도 쉽게 다가갈 수 있을 법한 맛으로, 육수가 무척 진하고 탁하다. 비교 대상을 둘 수 없는 진득한 감칠맛과 풍미는 을밀대를 설명할 때 빼놓지 말아야 할 가장 주요한 요소이다. 을밀대 육수에 매료된 사람들이 주변에도 적지 않다.
을밀대에 자주 드나든다는 사람들은 식당에 들어서면 일단 “거냉에 양 많이요.”라고 주문한다. 기본 냉면은 슬러시처럼 갈린 얼음이 띄워져 있는 육수에 적은 양의 면이 나오지만 ‘거냉에 양 많이’로 주문하면 살얼음 없는 육수에 양이 조금 더 많은 면을 추가 금액 없이 즐길 수 있다.
녹두전 역시 일반적인 식당들과 풍미가 다르다. 녹두의 고소함보다 고기 향을 강조한다. 녹두의 함량이 적은 대신에 씹기 좋은 크기의 다진 돼지고기가 가득 차 있다. 녹두전이라기보다는 돼지고기에 녹두를 곁들인 고기전이랄까.

지금은 숨 고르기를 하고 있으나 최근 몇 년 새 능라도와 더불어 분점을 가장 많이 냈다. 지점별로 분위기와 맛의 차이가 난다는 평이 있다.
을밀대를 처음 접하는 사람이라면 본점의 맛과 분위기를 먼저 경험하는 것을 추천한다. 후에 분점을 이용한다면 을밀대를 이해하는 데 도움이 될 것이다. 어찌 됐건, 논쟁을 떠나 의심의 여지없이 가장 유명한 평양냉면 집 중 하나다.

을밀대
을밀대
평양냉면

평안도상원냉면

푸드코트에
평양냉면이?

주소 서울 마포구 양화로 156 (엘지팰리스 지하 1층)

주요메뉴 물·비빔냉면 9,000원, 순면물냉면 16,000원, 순면물냉면곱빼기 21,000원, 편육 19,000원, 제육 14,000원, 녹두지짐 7,000원

무려 세 번만의 성공이었다. 평일 하루를 모두 포기해서 얻은 값비싼 한 그릇. 평안도상원냉면은 11시부터 15시까지 하루 4시간만 운영하고 저녁 영업은 하지 않는다. 게다가 일요일은 휴무라서 지방 거주자들은 방문하기 어렵다. 한마디로, 방문 난이도 최상급 식당이다.

홍대입구의 랜드마크인 엘지팰리스 지하 1층 '음식백화점'(푸드코트)에 있다. 입구도 찾기 쉽지 않은 이런 푸드코트에 정녕 평양냉면 집이 있나 싶지만, 평안도상원냉면이 있는 가장 구석진 부스 한 켠에는 늘 사람들이 복작복작 모여 있다. 가격 대비 맛이 괜찮다는 입소문이 퍼지며 마포, 홍대권역에서 반드시 들러야 할 평양냉면 식당으로 성장했다. <최자로드>도 이 집의 유명세에 한몫했다. 마니아들 사이에서 어느 정도 이름이 알려졌을 때 최자의 방문은 홍보의 기폭제가 되었다. 이후 수많은 방송에서 이곳을 주목했고 대중성 확보에 성공했다. 덕분에 방문 난이도는 더욱 높아졌으나 업장 유지에 있어 매우 긍정적인 현상이 아닐 수 없다.

여러 방송들은 이 집의 육수를 묵직하다고 설명했지만, 직접 맛을 보니 내 입맛에는 묵직함보다는 라이트하고 깨끗한 뒷맛이 살아있는 육수였다. 방송에서 설명한 묵직함은 육향에 대한 표현이었으리라 짐작해 본다. 간이 약한 편임에도 불구하고 상원냉면 특유의 고기 향이 강했다. 불고기 한 점을 먹은 듯한 착각이 들 정도로 육향이 또렷하게 입안에 퍼진다. 끝맛은 그 육향을 한 번에 잡아낼 만큼 개운하게 마무리된다. 세게 때리고 아프지 말

음식백화점
FOOD COURT

라고 문질러주는 느낌이랄까. 짐작해 보건데 식당의 노하우(간장)로 뒷맛을 개운하게 살리지 않았을까 추측해본다. 고기 향의 풍부함과 깨끗함이 잘 표현된 수준 높은 육수다. 가벼운 감칠맛에서 시작하여 또렷한 고기 향과 모든 풍미를 마무리하는 깨끗함을 선사한다.

사장님의 제면 솜씨는 내공이 깊다. 얇지만 탱글탱글한 면발이 특징이다. 개인적으로 좋아하는 거친 순면의 느낌은 아니지만, 군내가 나지 않으며 은은한 메밀 향이 입안에 퍼진다. 일반 면과 순면의 가격 차이가 매우 크다.

**간이 약한 편임에도 불구하고
상원냉면 특유의 고기 향이 강했다.
불고기 한 점을 먹은 듯한 착각이 들 정도로
육향이 또렷하게 입안에 퍼진다.
끝맛은 그 육향을 한 번에 잡아낼 만큼
개운하게 마무리된다. 세게 때리고
아프지 말라고 문질러주는 느낌이랄까.**

매우 친절한 사장님 내외분의 응대 서비스도 기분 좋고, 작은 접시에 몇 점 따로 나오는 사태 제육도 정겹다. 을지로와는 또 다른 느낌의 노포 분위기를 느끼고 싶다면 필히 방문해야 할 집이다.

우주옥

힙이라는 것이 흘러넘친다

주소 서울 마포구 동교로 50길 11

주요메뉴 청냉면·진냉면 14,000원, 비빔냉면 13,000원, 조개곰탕 16,000, 제육·녹두전 18,000원, 내장 17,000원, 우설 25,000원, 어복쟁반 63,000원

우주옥은 서울에서 가장 핫한 평양냉면 집 중 하나다. 맛의 보증 수표 <최자로드>에 소개되면서 단기간에 메이저 맛집으로 수직 상승했다.

오후 6시부터 영업을 시작하는 터라 방문 시간을 맞추기가 쉽지 않다. 개업 초기에는 점심에 냉면 30그릇을 한정으로 판매한 적도 있었지만, 그 역시 맛보기는 쉽지 않았다. 수도권에 있는 평양냉면 식당 중에서 점심 장사를 하지 않는 곳은 현재까지 우주옥이 유일하다.점심 장사가 사라진 이유는 우주옥의 콘셉트를 알면 이해가 된다. 우주옥은 평양냉면을 팔지만 술을 곁들이는 반주 집이다. 메인 요리가 평양냉면인 술집인 것이다. 모든 방문객은 주류를 반드시 시켜야 한다는 원칙이 있으니 처음 방문하시는 분들은 당황하지 마시길. 맥주부터 증류주까지 다양한 술이 있으며 잔술도 판매한다.

사장님 인스타 피드에는 '내세울 게 없다', '적당히 좋아해 달라', '그럴 만한 가게가 아니다' 등 겸손 모드 일색이지만, 재료는 전혀 겸손치 못한 국내산 한우 1++를 사용한다. 식당 인기 또한 겸손과는 거리가 멀어진 지 오래다.
최자는 '네오(Neo) 평냉'이라는 단어로 우주옥 냉면을 소개했다. 모던한 인테리어나 운영 방식, 음식의 참신함 등으로 볼 때 새로운 개념의 냉면이라는 것에 전적으로 동의한다.

냉면은 청냉면과 진냉면, 그리고 비빔냉면 총 세 가지로 구성되어 있다. 청냉면은 기본 육수에 소금으로, 진냉면은 간장으로 간을 한다. 개인적으로는 냉면 육수 본연의 맛을 느끼기에는 소금 간이 더 적절할 것 같아서 청냉면으로 주문했다. 육향이 진하다는 이야기를 많이 들었지만, 실제로 맛본 우주옥 냉면은 예상 외로 담백했다. 육향보다 군더더기 없는 '정갈함'에 초점을 맞춘다면 냉면과 식당의 콘셉트를 두루 이해하는데 용이하다.
로마에 가면 로마법을 따라야 하는 법. 우주옥에서 냉면을 시켰으니 주류를 골라야 한다. 냉면의 스타일에 따라 잘 어울리는 주류를 추천 받을 수 있다. 청냉면에 어울리는 소주로 'I'm pine'과 'Tokki'를 추천받았는데, 18도 정도 되는 'I'm pine'을 잔술로 주문했다. 냉면 육수와 추천 소주의 조합은 정갈함을 씻어내는 또 다른 정갈함이라는 표현이 어울릴 정도로 말끔하다.

면은 조금 얇은 편이며, 제면 상태가 매우 좋아 메밀 향과 기분 좋게 끊기는 식감이 살아 있다. 매끈하지도 거칠지도 않은 질감은 냉면의 정갈함을 배가시킨다.
우주옥 냉면의 비주얼은 한 번 보면 잊을 수 없을 정도로 독특하다. 시각적 포인트가 되는 고기 고명은 얼핏 보면 샤퀴테리(Charcuterie, 수제 육가공품)처럼 보인다. 흔히 육포를 만들 때 쓰는 홍두깨 부위를 사용하는데, 샤브샤브처럼 완전히 익히지 않아서 생고기로 착각할 수도 있다.

이날 우주옥에서 평냉어 팔로워 분을 만났다. 냉면을 기다리는 도중 옆 테이블 손님께서 나를 알아보시고 조심스레 인사를 하신다. 너무 반가웠는데 티가 났는지 모르겠다. 우주옥은 왜 안 올라오나 궁금했다며 포스팅 잘 읽고 있다는 덕담도 해 주셨다. 팔로워 분은 청냉면과 진냉면 두 그릇을 드셨는데, 큰 차이는 없고 진냉면에서 미묘하게 간장 맛이 도는 것 같다고 하셨다.

전통의 강호들이 아직까지 주류로 굳건히 자리 잡고 있다. 하지만 우주옥과 같이 무섭게 치고 올라오는 신생 업장들이 하나둘 늘어난다면 전통 강호들과 인지도 면에서 곧 어깨를 나란히 할 수 있겠다는 생각이 든다. 젊고 신선한 감각을 선보이는 신생 업장의 탄생이다. 맛도 모습도 힙이라는 것이 흘러넘친다.

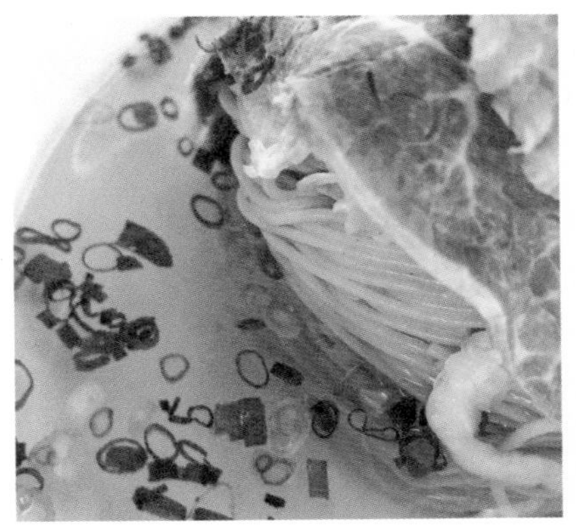

사장님 인스타 피드에는 '내세울 게 없다', '적당히 좋아해 달라', '그럴 만한 가게가 아니다' 등 겸손 모드 일색이지만, 재료는 전혀 겸손치 못한 국내산 한우 1++를 사용한다. 식당 인기 또한 겸손과는 거리가 멀어진 지 오래다.

전통평양냉면 제형면옥

하계점

서울에서 맛보는 대구 평양냉면

주소 서울 노원구 공릉로65길 16

주요메뉴 평양물냉면·비빔냉면 12,000원, 평양손만두 11,000원, 옛날불고기 17,000원
수육 39,000원, 제육 29,000원, 어복쟁반 중65,000원/대85,000원, 홍어무침 12,000원, 빈대떡 10,000원

중랑천을 끼고 올라가는 서울 북동부인 노원구에는 이북 식당 개체군이 너무 적다. 노원구는 서울 내에서 탈북민과 실향민이 두 번째로 많이 살고 있는 지역이다. 그럼에도 불구하고 노원구를 통틀어 평양냉면 식당이 고작 두세 군데밖에 되지 않다니 의아하다. 인근에 거주하는 평냉족들은 선택권이 거의 없다고 봐야 한다. 서울 권역이라 지하철로 20분 정도만 내려가면 수많은 평양냉면 식당을 만날 수 있지만, 평양냉면 육수의 긴급 수혈이 필요할 때 신속한 조치는 어려운 지역 되겠다.

전통평양냉면 제형면옥(이하 제형면옥)은 평냉 불모지인 노원구에 단비 같은 존재다. 하계동 을지병원 입구 옆 작은 골목에 있다. 지역 특성인지는 모르겠으나 이 지역 평양냉면 식당들은 대부분 좁은 골목에 자리 잡고 있다. 빌라촌 입구 같은 거주지 인근에 섞여 있어 분위기가 무척 생소하지만, 정형화되지 않은 소소한 생동감이 느껴진다. 최근 대로변에 생긴 대규모 프랜차이즈 식당들을 많이 봤던 터라 더욱 그렇게 느껴지는지도 모르겠다.

엄밀히 말하자면 제형면옥은 서울, 경기 권역의 식당이 아니다. 대구에 본점이 있으며, 동일한 상호명으로 4개의 점포를 운영하고 있다. 경상 권역에서 나름의 인지도가 있는 식당이자 조직적이고 덩치가 큰 이북 식당이다. 서울·경기 지역의 유명 평

미성 노래방
미용실
30

양냉면 식당들이 지방으로 영향력을 넓혀가는 것이 일반적이기 때문에, 평양냉면 불모지인 경상도에서 서울·경기 지역으로 세력을 넓히고 있는 제형면옥의 행보는 무척 이례적이다. 셰프 겸 운영자가 실향민 2세대로 이북 음식의 전통을 이을 수 있는 상징성과 환경이 마련되어 있다. 깐깐한 대중들이 제형면옥을 수긍하는 데에는 이러한 근본적인 이유도 큰 역할을 한다.

제형면옥의 냉면에는 대구의 지역색이 강하게 묻어 있다. 육수의 풍미와 육향이 서울식 냉면과 유사한 듯하면서 다르다. 면 스타일도 찰기가 있기보다는 매끈하고 탱탱하다. 2017년 서울에 생긴 제형면옥은 인근 미식가들 사이에서 인기가 많다. 평냉 불모지인 서울 북동부에 몇 없는 이북 식당이라는 이점이 크게 작용했다. 점심과 저녁 시간대에는 직장인들과 단체 손님들로 식당이 분주하다. 가능하다면 붐비는 시간대를 피해 방문하길 권한다.

서울 경기권과 멀리 떨어진 대구의 로컬 평양냉면 식당이라는 점에서 지역적 특성과 평양냉면의 다양성을 논하기 적절한 식당이다. 다른 지역의 평양냉면을 서울에서 느끼고 싶다면 제형면옥 하계점은 가볼 만한 집이다.

셰프 겸 운영자가 실향민 2세대로 이북 음식의 전통을 이을 수 있는 상징성과 환경이 마련되어 있다. 깐깐한 대중들이 제형면옥을 수긍하는 데에는 이러한 근본적인 이유도 큰 역할을 한다.

서북면옥

대미필담!
내 평냉 외길인생의
시발점

주소 서울 광진구 자양로 199-1 서북면옥

주요메뉴 물냉면·비빔냉면·온면 10,000원, 만둣국·떡만두·접시만두·편육 10,000원 ,
떡만두 9,000원, 수육 15,000원

거리를 걷다 주변에 있는 식당을 보면서 '저 식당은 찐 맛집이구나'라고 확신하게 되는 포인트가 몇 가지 있다. 내 나름의 맛집 감별법인데 꽤 유용하다. 오래전 지어진 듯한 허름한 외관, 80년대에 유행하던 네온 간판 그리고 도끼다시로 된 내부 바닥이 보이면 두말할 것 없이 맛집으로 판단하고 일단 들어간다.

장소를 옮기거나 리모델링을 하지 않은 이상 오래전부터 사용해온 간판을 그대로 사용하고 있을 확률이 매우 높고, 이러한 집들 대부분이 한 자리에서 족히 20년 이상을 버틴 내공이 있다는 것을 시각적인 관점에서 증명하기 때문이다. 이 공식에 100% 들어맞는 곳이 서북면옥이었다. 무작정 들어간 서북면옥에서 평양냉면 인생이 시작될지 누가 알았겠는가.

문을 열고 들어가면 사자성어 '대미필담'이 적혀 있다. 풀이하면 '대존맛은 필히 담백하다' 정도로 해석할 수 있다. 평양냉면 관련 방송에서 이 사자성어를 꽤 인용해서인지 어느새 평양냉면을 대표하는 수식어가 되어 버렸다. 가게는 전체적으로 매우 협소하다. 냉면 1만 원, 돼지고기 편육 1만 원으로 대부분의 메뉴가 1만 원에 맞춰져 있다. 자비로운 가격을 유지하고 있는 매우 바람직한 식당이다.

서북면옥은 서울시미래유산 등의 여러 검증 기관을 통하여 맛과 역사를 인정받았다. 서울 안에서 역사가 무척 오래된 1세대 평양냉면 집 중 하나지만 중구(을지로)를 중심으로 모여 있는 냉면집들에 비하여 상대적으로 동떨어진 광진구에 자리잡고 있다.

SINCE 1968 ~
서북면옥
전통의맛 평양냉면. 만두국. 편육. 수육
서북면옥
(주)천하통일
199
199-1
감자탕
서북면옥

하지만 식당 인근에 거주하는 수많은 실향민 어르신들과 젊은 마니아들을 거느린 서울 동부 지역의 대장 격 되는 냉면집이다. 맛은 물론이거니와 역사 그리고 오리지널리티 등 전반적으로 부족함이 없기에, 평양냉면 식당이 밀집한 중구에 자리 잡았더라면 지금보다 더 핫한 식당이었을 것이다.

냉면의 외향이 전체적으로 무채색인 것이 특징이다. 하얀 무절임과 계란 반쪽이 올려져 있고 색이 있는 고명이 없어 굉장히 단조로워 보인다. 그러나 풍미는 외형처럼 단조롭지 않다. 면을 풀지 않고 냉면을 받았을 때 모습 그대로 육수를 한 모금 마시면 꽤 묵직하고 구수한 육향이 목을 치고 올라온다. 혹자는 차가운 갈비탕이나 소고기뭇국 같다고 하고, 다른 누군가는 스팸 같다고 한다. 표현은 각자 다르지만 결론적으로 묵직한 육수, 서북면옥 특유의 육향이라는 의견은 같다.

나에게는 평양냉면 첫 경험인 서북면옥이 모든 평양냉면에 대한 기준점이 될 수밖에 없다. 여러 평양냉면 집을 돌아다니다가 오랜만에 서북면옥에 들러 육수 한 모금 들이키면 고향에 온 듯 그렇게 반가울 수가 없다. 묵직하지만 담백한, 현판에 적힌 대미필담의 맛이 냉면 한 그릇에 그대로 담겨 있다.

서북면옥을 알게 되고 한참 후에야 이곳이 호불호가 크게 갈리는 집이라는 사실을 알고 무척 놀랐던 기억이 있다. 개인적으로 애정이 듬뿍 담겨 있는 곳이다 보니 일단 나는 극'호'로 편향적일 수밖에 없다. 하지만 누구라도 가격 대비 최고의 평양냉면이라는 사실을 쉽게 부인할 수 없을 것이다. 긴 역사와 사람 냄새 풍기는 공간만으로도 한 번쯤은 반드시 경험해 봐야 하는 곳이다.

아, 마지막으로 가장 중요한 포인트! 완냉 후에 서북면옥에서 좌측으로 도보 1분 거리에 있는 '청주 명문 도너츠' 집으로 가자. 갓 튀겨낸 뜨거운 찹쌀 도나쓰를 한입 베어 물고 찹쌀이 입천장과 어금니에 달라붙어 줘야만 서북면옥 투어의 화룡정점이 완성된다.

오랜만에 서북면옥에 들러 육수 한 모금 들이키면 고향에 온 듯 그렇게 반가울 수가 없다. 묵직하지만 담백한, 현판에 적힌 대미필담의 맛이 냉면 한 그릇에 그대로 담겨 있다.

만포면옥

은평본점

동치미 계열을 이끄는 쌍두마차

주소 서울 은평구 연서로 171 백년가게 만포면옥

주요메뉴 평양냉면 13,000원, 어복쟁반(중) 50,000원, 옛날불고기(250g) 22,000원
눈꽃만두(6개) 9,000원, 평양만두(2개) 10,000원, 수육 30,000원

만포면옥은 1972년 구파발에서 시작했다. 1세대 평양냉면 전문점 중에서 다소 늦은 출발이었지만 50대 이상 어르신들 사이에서는 강서면옥과 함께 '박정희 대통령이 즐겨 찾던 식당'이라는 수식어로 유명세가 다른 1세대 못지않은 곳이다. 식객으로 유명한 소설가 김훈은 만포면옥 냉면을 두고 '인생관을 바꿔준다'라고 표현하기까지 하였으니, 이만한 극찬이 또 어디 있겠는가.

일반적으로 서울식 평양냉면은 고기육수에 동치미로 감칠맛을 조절한다. 하지만 만포면옥은 동치미 베이스에 고기 육수를 섞는 느낌에 가깝다. 평양냉면에 대한 막연한 두려움이 있는 사람들의 입맛마저 사로잡는 동치미 육수 되겠다. 동치미 육수 계열의 평양냉면을 말할 때 만포면옥과 남포면옥은 필히 함께 거론된다. 같은 동치미 육수 계열이라고 해도 남포면옥은 칼칼하고 찡한 육수를 필두로 하는 반면, 만포면옥은 감칠맛이 충분히 돌고 육향과 동치미 배합이 조화로워 부드럽다.

만포면옥은 제면에 대한 지속적인 연구로 면의 수준이 점점 높아지고 있다는 평을 듣는다. 메밀과 전분을 적절히 배합하여 청량한 동치미 육수에 어울리는 두께와 찰기 있는 면을 제공한다. 육안으로 봤을 때에는 맑고 부드러운 느낌이라 메밀 향이 약할 것처럼 보이지만 맛을 보면 전혀 그렇지 않다. 사이드 메뉴 녹두전과 눈꽃만두는 필히 맛봐야 하는 메뉴다. 재료를 아끼지 않고 바삭하게 튀겨낸

만포면옥
평양
냉면
만두제작소

녹두전은 팬케이크가 연상될 정도로 두툼하다. 두께만큼 풍미가 깊어 크게 한입 베어 물면 치킨을 먹는 것이 아닌가 착각할 정도로 기름지고 고소함이 입안 한가득 퍼진다. 단번에 가장 맛있는 녹두전 맛집으로 등극한다.
만포면옥의 또 다른 장점은 음식 퀄리티에 비하여 가성비가 매우 좋다는 점이다. 서울의 유명한 냉면집들과 비교해 보면 어복쟁반을 비롯한 모든 메뉴의 가격이 매우 합리적이다.

만포면옥 앞 도로에서 좌회전 신호를 받고 있으면 즉시 주차 안내를 하는 스텝 분을 시작으로 직원 이모님들의 응대 역시 고객들에게 좋은 인상을 심어주기 충분하다. 구성원들의 팀워크가 매우 좋게 느껴진다. 대중적인 만포면옥의 맛과 적절한 가격 구성, 그리고 친절한 고객 응대의 적절한 삼박자가 만포면옥이 꾸준히 사랑받는 비결은 아닐까?

2022년에는 안타깝게도 누전으로 인한 화재가 발생하여 몇 달간 영업을 하지 못했다. 은평구를 대표하는 로컬 식당으로 지역민들에게 큰 사랑을 받아온 만포면옥의 화재 소식에 많은 분들이 놀랐지만, 재도약의 기회로 삼아 리모델링과 설비 공사를 부지런히 진행해 재 오픈했다. 보다 쾌적한 환경에서 음식을 맛볼 수 있어 오히려 좋다. 화재를 겪으면 더 번창하는 식당들이 많다. 만포면옥의 새로운 시작을 응원한다.

식객으로 유명한 소설가 김훈은 만포면옥 냉면을 두고 '인생관을 바꿔준다'고 까지 표현하였으니 이만한 극찬이 또 어디있겠는가.

여러분평양냉면

강북구의
단비 같은 평양냉면

자비롭고 포용적인 상호명이 인상적이다. "내가 만약~"으로 시작하는 윤복희 선생님의 '여러분'이 자연스럽게 떠오른다. 메뉴 구성이 다양하고 냉면 맛이 상당히 대중적인 곳이다. 수유역 8번 출구에서 5분 거리에 있어 접근성이 좋다. 자차 방문도 괜찮지만, 전통 시장 인근 골목에 자리하고 있어 주차 환경이 좋지 않기에 대중교통 이용이 더 편하다.

강북구는 서울권에서 평양냉면 불모지 중 하나이다. 음식 맛을 떠나 접할 수 있는 곳 자체가 거의 없다고 봐도 무방하기에 여러분평양냉면은 존재 자체만으로도 매우 귀하게 느껴진다. 서북면옥, 유진식당과 함께 서울권에서 가성비 좋은 식당으로 꼽히는데, 청결도와 메뉴의 다양성, 서비스 등 다양한 측면을 고려했을 때 그중에서도 가장 완성도가 높다. 지불 비용 대비 높은 만족도를 제공하는 식당을 고르라면, 여러분평양냉면은 단연 상위권에 속한다.

그러나 이 집의 냉면은 저가 냉면이라 칭하기에 황송하다. 금액은 저가를 유지하지만 냉면의 퀄리티

주소 서울 강북구 한천로 1074 1층 여러분평양냉면

주요메뉴 평양메밀냉면(물냉면) 10,000원, 아롱사태수육 15,000원, 접시만두 7,000원, 돼지수육 20,000원 손만두전골 2인 25,000원/3~4인 40,000원, 소불고기 전골 13,000원

는 그 이상이다. 괜찮은 육향과 감칠맛이 도는 육수는 서울식 냉면의 육수 공식을 그대로 따른다. 무난한 듯하면서 나름의 특색이 있고, 그러나 아주 튀지는 않는다. 찰기 있는 면발 역시 과하지 않은 향을 풍긴다. 메밀 함량이 높은 편은 아니어도 맷돌 제분 방식을 고집하며 이 집만의 퀄리티를 유지한다. 육수와 면이 서로의 풍미를 해치지 않고 좋은 합을 이룬다.

전통과 역사가 갖춰진 식당과 비교하기에는 다소 무리가 있지만 동일 메뉴에 대한 비용이 유사한 식당들과 비교해 보는 것도 의미 있다. 유진식당과 서북면옥이 스토리텔링과 역사를 중심으로 대중에게 다가간다면, 신생 업장인 여러분평양냉면은 음식과 서비스 등 고객 만족도를 중심으로 차별화를 두고 있다.

위치와 인지도 면에서 다소 열세로 보이지만 충분히 경쟁력을 갖춘 업장임에 틀림없다. 서울 북동부 지역 식객들과 평냉족들은 필히 방문하여 맛볼 필요가 있다.

금액은 저렴하지만 냉면 자체의 퀄리티는 그 이상임을 기억하자. 괜찮은 육향과 감칠맛이 올라오는 육수는 서울식 육수의 공식을 그대로 따른다. 모난곳 없이 무난하지만 아주 튀지도 않는다.

태천면옥

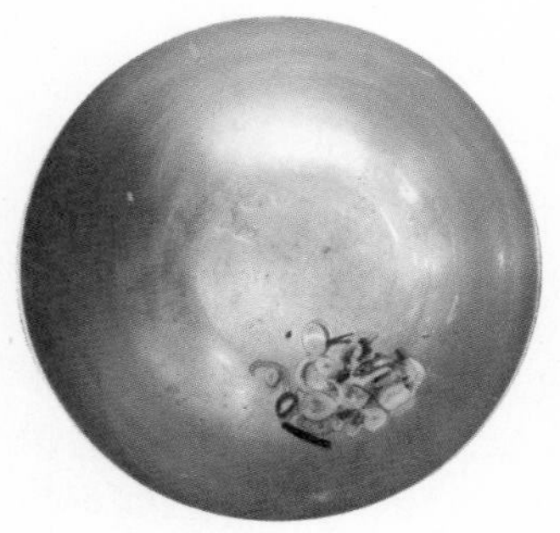

서울 동부권의 다크호스

서북면옥의 아성만 존재하던 광진구에 신선한 긴장감을 불어넣을 다크호스가 나타났다. 바로 태천면옥이다. 한정적인 광진구의 범위를 넓혀 서울 동부권의 업장들과 비교해 봐도 무리가 없을 정도의 호평과 선전이다. 개업 초, 지리적 열세와 홍보의 어려움 등으로 고전했지만, 메뉴들의 폼이 급격히 올라오며 대중들의 칭찬이 자자한 곳으로 성장했다. 평양냉면을 좋아하는 사람뿐만 아니라 어느새 알 만한 사람들은 다 아는 광진구의 맛집으로 거듭났다.

이북 음식 전문점답게 이북 태천군 출신 조부모님의 손맛과 연관 지어 상호를 정했다. 정체성과 역사성 모두를 보여주기에 손색없는 상호다.

태천면옥의 냉면은 후발 주자들에게 많은 영향을 끼친 능라도와 상당 부분 맞물려 있다. 정갈한 유기그릇과 노란빛 계란채, 그리고 말쑥하지만 중후한 육향을 뿜어내는 육수의 풍미 등이 그러하다. 태천면옥의 육수는 한우 양지를 주재료로 하는데, 제법 굵은 맛을 뿜어낸다. 오히려 능라도보다 육향

주소 서울 광진구 광장로 49 태천면옥

주요메뉴 평양냉면·비빔냉면 12,000원, 만둣국·온반·접시만두 11,000원, 수육 31,000원, 제육 22,000원

이 더 풍부하게 올라온다. 면의 두께는 조금 두꺼운 편이다. 메밀 80%의 비율의 면은 충분한 곡향이 올라오고 끊김이 좋다.
육수와 면 스타일 모두 현재 유행하는 서울식 평양냉면의 조건에 전적으로 부합한다. 최신 감각을 유지하며 세력을 확장하는 2세대의 장점은 받아들이고, 한발 더 나아가 업장의 정체성을 입히려는 노력을 거치며 성장을 거듭하고 있다.

냉면 수준과 더불어 무척이나 합리적인 가격 또한 태천면옥이 가진 커다란 경쟁력이다. 서북면옥보다는 살짝 높은 가격대지만 평양냉면 식당 불모지인 광진구 내에서 두 업장의 비교가 무슨 의미가 있겠는가. 서울 전 지역을 놓고 본다면 비교 대상이 거의 없을 정도로 합리적인 가격이다.

광진구는 평냉 업장이 군집하지 않은 척박한 지역이지만, 가격 대비 수준 높은 냉면을 기준으로 본다면 광진구야말로 최고로 축복받은 곳이 아닐까?

육수와 면 스타일 모두 현재 유행하는 서울식 평양냉면의 조건에 전적으로 부합한다. 최신 감각을 유지하며 세력을 확장하는 2세대의 장점은 받아들이고, 한발 더 나아가 정체성을 입히려는 노력을 거치며 성장을 거듭하고 있다.

색다른면

**베이컨에
평냉 싸서 먹어 본 사람,
손?**

색다른면은 MZ세대들이 모여드는 핫 플레이스 성수동에 위치해 있다. 면 요리 전문점으로 기존의 평범한 면 요리에서 탈피해 신선한 창작물을 맛보는 즐거움이 있다. 이름 그대로 '색다른 면' 되겠다. 봉피양 출신의 사장님이 꾸준히 연구하여 베이컨을 베이스로 한 메뉴들을 개발했다. 베이컨으로 육수를 우려낸 '깔끔한 평양식 물냉면'과 '그윽한 향 베이컨 국수'를 시그니처로 선보인다.

베이컨으로 육수를 우려낸 평양냉면에 구운 베이컨을 싸 먹는 상상을 한 평냉족들이 있을지 모르겠다. 스스로 평냉 마니아라고 자칭하는 분들이나 조금은 새로운 평냉을 경험하고 싶은 식객들은 반드시 들러서 맛봐야 하는 집이다.
마치 잔나비의 노래 <뜨거운 여름밤은 가고 남은 건 볼품없지만>이 연상되는 다소 긴 메뉴 이름들이 생소하지만, 실제는 꽤 먹음직스럽고 근사한 메뉴들이다. 시그니처인 '깔끔한 평양식 물냉면'과

주소 서울 성동구 뚝섬로9길 16 지층 101호
주요메뉴 깔끔한 평양식 물냉면·깔끔한 평양식 밀면 9,000원,
그윽한향 베이컨 국수·상큼한맛 토마토 소고기카레국수 9,000원, 피자만두 3,000원

'그윽한 향 베이컨 국수' 말고도 '상큼한 맛 토마토 소고기 카레국수', '피자만두' 등 사장님의 고민이 함축된 정성스런 메뉴들이 포진되어 있어 새로운 음식을 경험하는 재미가 쏠쏠한 식당이다.
주문한 냉면을 받아들면 충격 그 자체다. 평양냉면보다 일본식 소바가 먼저 연상되는 모습에 한 번 놀라고, 베이컨으로 우려낸 육수의 맛이 무척이나 그럴싸해 또 한 번 놀란다. 육수를 한 모금 마시면 가쓰오부시 육수인가 싶지만 베이컨 훈연향이 그보다 묵직한 목 넘김을 선사한다. 여기에 새콤하고 깔끔한 뒷맛이 더해져 기존의 평양냉면과는 전혀 다른 맛이 완성된다.
평양냉면만 전문으로 하는 곳이 아니기에 자가 제면을 하지 않는다. 대신 메밀 함량이 90% 가까이 되는 기성품을 사용한다. 그동안 먹었던 평양냉면 면의 두께보다 1.5배 가량 두꺼운 중면이며 기성품 치고는 식감이 꽤 그럴싸하다. 오히려 평양냉면에 대한 경험이 없는 사람들과 함께라면 편견 없이 맛있게 먹을 수 있다. 단, 보통의 평양냉면의 풍미와는 거리가 있다는 점은 꼭 기억하자.

면과 고기의 궁합은 언제나 옳다. 메밀 향 가득한 소면에 두툼한 베이컨을 말아 크게 한입 베어 무는 상상을 해보시라. 맛이 없으면 오히려 이상한 조합 아닌가. 평냉의 새로운 조합과 새로운 시각이 필요한 식객이라면, 냉면 꼰대로 고인물이 되고 싶지 않은 식객이라면 주저하지 말고 '색다른면'으로 고고!

평양냉면보다 일본식 소바가 먼저 연상되는 모습에 한 번 놀라고, 베이컨으로 우려낸 육수의 맛이 무척이나 그럴싸해 또 한 번 놀란다.

서울 남부

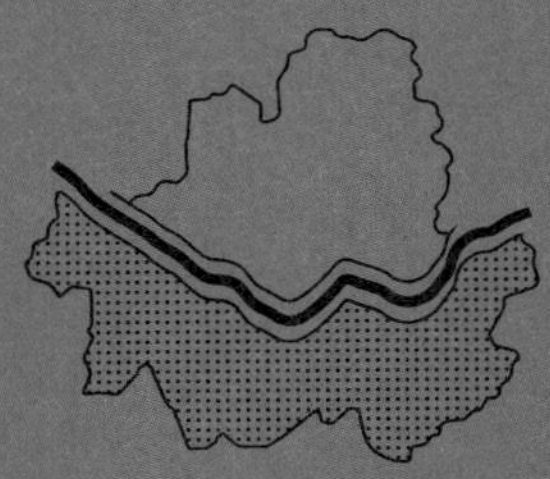

의정부평양면옥 | 서관면옥_교대점 | 설눈 | 청류벽 | 압구정면옥

판동면옥 | 평양면옥_도곡점 | 봉밀가_강남구청점 | 류경회관

경평면옥 | 봉피양_방이점 | 옥돌현옥 | 밀각_가락본점

한아람 | 봉래면옥 | 평양면옥_오류동 | 평냉집

의정부평양면옥

구 본가평양면옥

**강남에서 맛보는
의정부 계열 평양냉면**

주소 서울 서초구 강남대로93길 28

주요메뉴 평양·비빔냉면 14,000원, 접시만두 13,000원, 제육(삼겹) 29,000원, 편육(사태) 31,000원, 만두국 14,000원, 어복쟁반 중 80,000원, 대 90,000원

외관의 모습부터 냉면의 풍미까지 모든 것이 본점을 그대로 빼다박았다. 이제는 의정부 계열 냉면의 시그니처가 되어 버린 고춧가루와 파 고명까지 그대로다. 육수를 한 모금 넘기면 의정부 계열 특유의 깊고 묵직한 고기 향이 입안에 퍼진다.

서울 강북에 '필동'과 '을지'가 있다면, 강남에는 '본가'가 있다. 오랜 단골에게는 본가평양면옥이란 이름이 더 친근하지만, 몇 년 전 정체성을 확실히 드러낼 수 있는 '의정부평양면옥'으로 상호를 변경했다. 한국 평양냉면의 대표 계열인 의정부파의 직계 가족이 운영하는 곳이다. 이곳은 본점의 강남지부쯤 되는 셈이고 창업자의 셋째(막내) 따님이 운영하고 있다.

의정부평양면옥은 신사역과 논현역 사이에 있다. 각 역에서 도보 10분 거리다. 빌라와 음식점들이 모여 있는 작은 골목에 자리 잡고 있다. 크지 않은 4층 건물로 1층은 직접 제면을 할 수 있는 제면실로, 2층은 조리실로 사용하고 있다.

인지도 있는 평양냉면 식당 중 유명세를 타며 사업을 확장하는 경우가 더러 있다. 기업으로서 한창 전성기를 달릴 때 구성원이나 함께 운영하는 가족들과의 마찰로 불미스러운 모습을 보이는 경우도 있으나, 의정부 계열 일가들은 식당 한편에 친지들이 운영하는 식당을 서로 홍보하며 돈독함을 자랑한다.

외관의 모습부터 냉면의 풍미까지 모든 것이 본점을 그대로 빼다박았다. 이제는 의정부 계열 냉면의 시그니처가 되어 버린 고춧가루와 파 고명까지 그대로다. 육수를 한 모금 넘기면 의정부 계열 특유의 깊고 묵직한 고기 향이 입안에 퍼진다. 평양냉면은 밍밍해서 먹기 어렵다는 사람들에게 의정부 계열 냉면을 1순위로 꼭 맛보여 주고 싶다. 육수의 간이 꽤나 센 편이고 입안에 퍼지는 육향이 고급스러워 평양냉면에 대한 두려움을 없애기에 최적의 냉면이다.

의정부 본점과 강북의 을지, 필동보다 면이 매끄럽다. 메밀 향이 다소 덜 느껴지지만 퀄리티를 논할 만큼 큰 차이는 아니다. 오히려 이곳의 차별화 혹은 특징 정도로 느껴진다. 서울권역 내의 평양냉면 식당을 놓고 보았을 때 상위권의 퀄리티와 풍미를 제공하는 것은 확실하다. 강남권역에서 의정부 계열 평양냉면을 맛보고 싶다면 필히 방문해야 하는 곳이다.

서관면옥

교대점

끊임없는 연구와 개발의 승리

주소 서울 서초구 서초대로56길11

주요메뉴 평양냉면·골동냉면·선비냉면 16,000원, 맛박이냉면(안주냉면) 18,000원, 서관면상 18,000원, 어복쟁반(큰반/작은반) 110,000원/80,000원, 서관녹두빈대떡 19,000원

이제는 평양냉면의 범주를 넘어 강남, 교대 권역의 대표 맛집으로 당당히 이름을 올린 서관면옥. 약 6년 가량의 길지 않은 세월 동안 엄청난 성과를 일궈냈다. 기존 평양냉면 식당들과는 차별화된 수려한 인테리어, 그리고 전문성을 갖춘 체계적인 마케팅까지 웰메이드 요식업 브랜딩의 정석을 보여주고 있다. 한 치의 오차 없이 돌아가는 톱니바퀴가 연상된다. 그만큼 똑 부러지고 완벽에 가까운 브랜드이다.

음식의 담음새, 맛에 대한 끊임없는 연구 그리고 이러한 일련의 과정을 한 그릇의 냉면에 담아내고자 최선을 다한다. 고객의 입맛에 맞는 최적의 면을 구현하기 위해 단 메밀과 쓴 메밀을 분석하고 최상의 비율로 혼합하는 블렌딩 과정을 거친다. 메

웰메이드 요식업 브랜딩의 정석을 보여주고 있다. 음식의 담음새, 맛에 대한 끊임없는 연구 그리고 이러한 일련의 과정을 한 그릇의 냉면에 담아내고자 최선을 다한다.

밀의 좋은 품질을 유지하기 위해 제주도산 메밀을 사용하는데 한 달에 며칠은 직접 방문하여 메밀을 직접 선별한다. 이렇게 완성된 메밀은 2시간 이내에 저온 저속으로 제분하여 최적의 밸런스를 잡는다. 할 수 있는 모든 것들을 동원해 최상의 면을 만들어 낸다고 해도 과언이 아니다. 적당히 거친 식감과 풍부한 메밀향의 조화는 누구라도 빠져들 수밖에 없다. 특히 메뉴의 플레이팅에 있어 후발 주자들에게 지대한 영향력을 끼쳤는데, 얼핏 보면 서관면

옥의 냉면으로 착각할 만큼 비슷한 담음새를 선보이는 곳들이 서관면옥 이후 다수 생겨났다.

2018년 남북정상회담에서 김정은 위원장이 옥류관에서 면을 들어 식초를 뿌려 먹는 모습이 화제가 된 탓인지 면에 식초를 뿌려 먹는 사람들이 많아졌다. 서관면옥은 일반 식초가 아닌 다시마 식초를 뿌려 먹을 수 있도록 메뉴얼화되어 있다. 확실히 여타의 업장들과의 차별화와 고급화를 염두에 두었다는 생각이 든다. 평양냉면을 어려워하는 분들이 수월하게 즐기기에 신박한 아이템이다.

서관면옥의 많은 메뉴들이 훌륭하지만 특히 점심 20점 한정 메뉴로 제공되는 서관면상은 지인들에게 필히 소개하고 싶은 메뉴다. 이 서관면상을 맛보기 위해 이른 아침부터 서관면옥 입구에는 매일 긴 대기 행렬이 펼쳐진다. 평양냉면과 사이드 메뉴로 구성된 냉면 정식으로, 누가 보더라도 절대 마진을 남길 수 없는 수준이다. 더 놀라운 점은 계절마다 서관면상의 사이드 메뉴가 바뀌는데 각 지역의 특산물 업체와 연계하여 서관면옥을 찾는 충성 고객들에게 메뉴의 다양성과 높은 수준의 만족감을 제공한다. 고객에 대한 진심이 아니라면 불가능한 고퀄리티 한상 차림이다.

교대점의 성공을 발판삼아 작년에는 은평한옥마을점을 개업했다. 교대점과는 또 다른 분위기의 세련된 서관면옥이 또 하나 탄생했다. 새로운 곳에서의 또 다른 시작을 응원한다.

설눈

**대한민국에서
북한식 평양냉면에
가장 비슷한 냉면**

설눈은 '북한 고려호텔 출신 조리장이 운영하는 식당'이라는 타이틀로 2019년 개업과 동시에 평양냉면 마니아들의 주목을 한 몸에 받았다. 북한식 평양냉면을 전면에 내세우며 서울식 평양냉면을 추구하는 식당들과 차별점을 두었다.

설눈의 평양냉면은 모양새에서 서울식 평양냉면과 큰 차이를 보인다. 칡냉면이 아닌가 싶을 정도로 거뭇한 면과 잣이 띄워진 탁한 육수, 그리고 소, 닭, 돼지고기를 고명으로 올린다. 몇 년 전 남북정상회담 당시 티브이를 통해 보았던 옥류관 평양냉면의 외향과 무척 닮아 있다. 그러나 시간이 흐르며 이러한 차별화는 일부 희석되어 우리에게 익숙한 모습으로 변화했다. 예전에 비해 육수의 탁도가 다소 투명하게 맑아졌고, 다진 양념처럼 첨가해 먹던 초장이 기본으로 제공되지 않는다. 초장은 남북정상회담 시 옥류관 만찬에서 본 것과 동일했는데, 이러한 부분이 사라진다 해도 면의 색감과 전체적인 풍미는 기존 그대로여서 설눈의 정체성을 설명

주소 서울 서초구 서초대로46길 20-7 1층

주요메뉴 고려 물냉면·고려 비빔냉면 15,000원, 한우 소고기 수육 40,000원, 돼지고기 편육 30,000원, 녹두전 16,000원, 왕만두 14,000원

하기에 부족함이 없다.

외형적으로는 서울식 평양냉면과 다르지만 풍미는 크게 벗어나지 않는다. 시각적인 독특함은 특별함이 되지만, 맛이 과하게 이질적이라면 대중들에게 친근하게 다가가기 어려웠을 것이다.

닭, 돼지, 소고기가 고명으로 올라가 있는 것으로 보아 여러 가지 고기를 활용해 육수를 우려내는 것을 유추할 수 있다. 육향이 풍부하고 감칠맛과 단맛이 섞인 강렬한 육수다. 면은 꽤 거무스름한데 자세히 들여다보면 검은 알갱이들이 보인다. 메밀피를 벗기지 않고 통째로 제분하여 생긴 것으로 투박하고 거친 식감을 완성한다.

예전에 비해 대중적인 면이 많이 반영되어 변형된 부분이 없지 않지만, 현재 북한식 평양냉면의 느낌을 최대한 복각한 냉면은 서울·경기권역 내에서 설눈과 평택의 평천면옥이 유일해 보인다. 과정이야 어찌 됐든 평양냉면 마니아들이 원하는 최종의 종착지는 북한 현지의 평양냉면 아니겠는가. 본토의 맛을 직접 맛볼 수 없는 상황이라면 본토 냉면과 가장 유사한 설눈을 방문하는 것이 우리 평냉 마니아들에게 현실적인 대안이란 생각이 든다.

칡냉면이 아닌가 싶을 정도로 거뭇한 면과 잣이 띄워진 탁한 육수, 그리고소, 닭, 돼지고기를 고명으로 올린다. 몇 년 전 남북정상회담 당시 티브이를 통해 보았던 옥류관 평양냉면의 외향과 무척 닮아 있다.

청류벽

**면도 육수도
순수의 끝**

을밀대, 능라도 등 이북 음식 전문점들 중에 북한의 지명을 그대로 따라 이름을 짓는 경우가 있다. 청류벽 역시 평양 대동강변에 있는 지명을 따왔다. 청류벽은 강남역 5번 출구에서 도보 2분 거리에 있다. 청류벽은 어복쟁반으로 유명한 피양옥 사장님이 들기름 막국수를 시그니처 메뉴로 오픈한 메밀 면 집이다. 즉석에서 질 좋은 들기름을 착즙하는 착즙기가 있어 시각적으로 고객들에게 신뢰감을 주는 부분도 신경을 쓴 모습이다. 2018년에 개업했으니 햇수로 약 5년차가 되었다.

들기름 막국수는 어떤 맛인지 이미 예상되는 메뉴다. 하지만 들기름, 메밀의 조합은 치트 키다. 알아도 맛보고 싶은 이상한 마력이 있으나 유혹을 뿌리치고 평양냉면이라 봐도 무방한 물막국수를 선택한다. 물막국수와 평양냉면의 구분에 논쟁이 많지만, 공통분모가 상당히 많다. 청류벽 물막국수 정도라면 평양냉면으로 봐도 크게 무리가 없어 보인다.

주소 서울 서초구 서초대로74길 29 1층 청류벽

주요메뉴 물막국수·들기름막국수·비빔막국수·육개장 12,000원, 매콤떡만두국·매콤만두국 10,000원, 제복쟁반 78,000원, 보쌈 대 50,000원/소 40,000원

점심, 저녁 시간에는 조금만 늦어도 20분 이상 웨이팅이 기본이다. 점심시간에 맞춰 방문했는데 다행히도 보쌈처럼 테이블 회전이 느린 메뉴를 시킨 테이블은 없고 들기름, 비빔국수 등 식사 메뉴를 시킨 손님이 대다수였다.

물막국수는 깻가루와 김가루를 뿌려 내온다.(참고로 나는 오롯이 메밀 향과 육향을 즐기기 위해 빼달라고 주문했다.) 지금까지 먹어본 막국수, 평양냉면 육수 중에서 가장 순수한 맛이라 놀랐다. 굳이 비교군을 찾아보자면 광화문국밥이 적절한데, 광화문국밥이 깔끔하고 말쑥한 순수함이라면 청류벽은 부드러운 우유의 순수함이다.

뽀얗고 하얀 육수의 맛은 보이는 모습 그대로 무척 부드러웠다. 간을 하지 않은 상태의 깔끔한 설렁탕 국물 같은 느낌이다. 면을 한입 베어 물면 단번에 순면임을 알 수 있는 거친 식감이 살아 있다. 확실히 김가루와 깻가루를 뿌렸다면 순수한 매력이 많이 묻혔겠다는 확신이 든다. 신선하고 순수한 매력 덕에 재방문 의사는 100%다.

지금까지 먹어본 막국수, 평양냉면 육수 중에서 가장 순수한 맛이라 놀랐다. 굳이 비교군을 찾아보자면 광화문국밥이 적절한데, 광화문국밥이 깔끔하고 말쑥한 순수함이라면 청류벽은 부드러운 우유의 순수함이다.

압구정면옥

평맥 콜?
수제 맥주로 즐기는
선주후면

이제는 제법 인지도가 탄탄해진 3년차 업장이다. 국내 최초 수제맥주 브랜드로 ARK시리즈와 광화문, 서빙고, 해운대 등 이름만 대면 알 만한 맥주를 생산하는 '코리아크래프트브류어리'에서 런칭한 평양냉면 전문 식당이다. 압구정면옥 건물이 해당 업체의 본사이다.
운영 주체가 주류 회사이기 때문에 수제 맥주, 와인 등 업체에서 유통하는 주류가 진열되어 있다. 메뉴를 보면 각각의 음식과 함께 페어링 할 수 있는 주류를 추천해준다. 업장의 태생적 특징을 식당의 아이덴티티로 녹여 마케팅으로 적용했다. 로고와 인테리어, 운영 콘셉트 등을 미루어 볼 때 웰메이드 브랜딩이다.

압구정면옥은 압구정성당 근처 10분 거리에 위치해 있다. 주말 퇴근 시간의 경우 800m에 50분을 소모하는 인생 최악의 교통 지옥을 경험하게 될 수도 있으니 대중교통을 이용하는 것을 추천한다.

주소 서울 강남구 압구정로 30길 16
주요메뉴 평양·비빔냉면 13,000원, 압구정 손만둣국 12,000원, 평양·비빔냉면 프리미엄 순면 15,000원, 녹두전 12,000원, 한우어복쟁반 65,000원

운영 주체가 주류 회사이기 때문에 수제 맥주, 와인 등 업체에서 유통하는 주류가 진열되어 있다. 메뉴를 보면 각각의 음식과 함께 페어링 할 수 있는 주류를 추천해준다.

정인면옥에서 오랜 시간 주방을 책임진 조리사가 메뉴의 전반적인 틀을 마련했다. 이러한 이유에서 정인면옥과의 연계성을 논하는 사람들이 많다. 육수의 기본적인 풍미부터 담음새까지 정인면옥의 냉면과 닮아 있다. 여기에 육향과 메밀 향을 또렷하게 담아 압구정면옥만의 차별화를 추구한다. 육수는 육향이 강하고 염도가 높은 편이다. 순면은 면의 꼬들한 느낌과 뚝뚝 끊기는 식감을 최대한 살렸다. 전반적으로 육수와 면의 밸런스가 훌륭하지만, 아쉬운 점이 있다면 고명으로 올린 파의 향이 강해 육수 본연의 맛이 살짝 가려지는 느낌이 든다. 이 부분은 식객들이 입맛에 맞게 조절할 필요가 있다.

식당만의 음식 정체성을 품고 있는 냉면으로 보기에는 조금 아쉬움이 있지만, 대중들의 입맛과 식당의 정체성을 잘 풀어낸 브랜딩만큼은 수준급임은 확실하다. 다양한 수제 맥주들과 와인의 합을 추구하는 콘셉트가 너무나도 매력적이지 않은가. 평양냉면과 페어링 되는 최적의 수제 맥주라니, 전국의 맥덕들과 평냉 마니아들이 솔깃할 만한 포인트다.

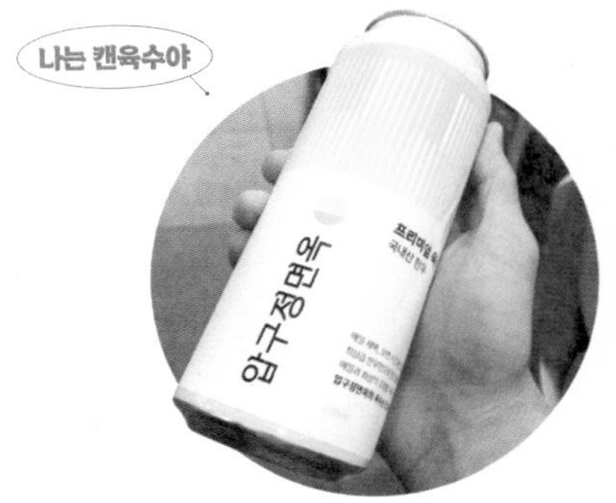

판동면옥

혼냉식객을 위한
배려의 아이콘

주소 서울 강남구 역삼로77길 5
주요메뉴 평양냉면·비빔면 13,000원, 접시만두·녹두지짐 12,000원/반 6,000원,
제육 28,000원/반 14,000원, 만두전골 대 50,000원

대치동에 자리잡은 판동면옥은 개업 이후 맛에 변화가 꽤 생겼다. 을밀대 면발이 워낙 유니크하여 비교 대상이 거의 없지만 과거에 을밀대의 면발과 닮았다는 평으로 평냉 마니아들의 입에 오르내리던 집이다. 개인적으로 비교군으로 놓기에는 유사점이 크게 없어 보인다. 최근 정인면옥(본점) 인근에 여의도점을 개업했는데 본점보다 반응이 더 좋아 보인다.

판동면옥 냉면의 진가는 육수보다 면에 집중해야 알 수 있다. 육수의 수준이 덜하다는 이야기는 아니다. 기본 순면을 제공하는데 면의 수준이 무척 높다. 면에 대한 자부심이 있는 식당들 중 몇은 방문객의 동선이 이어지는 곳에 큰 메밀 제분기 혹은 전기 맷돌을 돌리며 제분 과정을 눈으로 확인할 수 있게 한다. 믿을 수 있는 음식을 제공한다는 식당의 이미지와 제면의 전문성을 두루 나타내는 일종의 마케팅 전략인 셈이다. 판동면옥 냉면은 메밀향이 상당히 좋은 편이다. 육수의 간이 간간하여 면의 향과 맛을 오롯이 느낄 수 있다. 강남의 평양옥처럼 강한 육수와 강한 메밀 향으로 진한 풍미를 끌어올리는 곳도 있다. 그러나 판동면옥은 부드러움 속에서 면을 부각시켜 독자성을 구현해 낸다.

이 집의 냉면은 메밀 향이 깊고 육수의 육향이 옅게 퍼진다. 은은하고 가벼운 고기향의 육수를 우선순위로 둔다거나 제면 상태와 메밀의 풍미에 초점을 맞추는 사람들에게 큰 만족감을 줄 수 있다. 다만 아쉬운 점이 있다면, 고명으로 올라간 오이 향이 강해 맛의 조화가 깨지는 부분이 있다. 오히려 고명을

메밀 제분기

조금 덜어내고 맛을 보니 메밀 향과 육수의 맛을 해치지 않고 균형을 맞춘 느낌이었다.

사이드 메뉴인 만두 또한 훌륭하다. 전형적인 이북식 만두의 풍미가 입안 가득 퍼진다. 개업 초반에는 만두 모양새가 둥글고 굵직해 이북식 만두의 느낌이 적었는데 현재는 모양새와 크기가 조금 달라졌다. 혹자들은 이북 음식 전문점의 음식 솜씨를 평가할 때 만두를 기준으로 삼는다. 냉면은 재료, 날씨 등의 변수에 따라 맛이 변하기도 하지만, 만두는 원재료 수준과 일정한 조리법을 유지해 맛을 구현하기 때문에 음식 솜씨를 평가하기에 용이하다는 것이다.

많은 식객들이 합리적인 가격을 칭찬하는데, 개인적으로는 혼냉족을 위한 반 메뉴를 특급 칭찬하고 싶다. 만두, 녹두지짐, 제육 등 다양한 사이드 메뉴를 1인분의 절반 분량으로 제공한다. 혼자 방문하는 사람에게 사이드 메뉴는 부담스러울 수밖에 없는데 이를 최대한 배려하고 있다. 혼자 방문하는 식객들이 꽤 많은 곳이라는 말로 풀이된다. 이 정도면 혼냉족 일등 맞춤 식당 아니겠는가.

판동면옥 냉면의 진가는 육수보다 면에 집중해야 알 수 있다. 육수의 수준이 덜하다는 이야기는 아니다. 기본 순면을 제공하는데 면의 수준이 무척 높다. 육수의 간이 간간하여 면의 향과 맛을 오롯이 느낄 수 있다. 부드러움 속에서 면을 부각시켜 독자성을 구현해 낸다.

평양면옥

도곡점

가장 이상적인 풍미의 장충동계 냉면

주소 서울 강남구 도곡동 423-15 (매봉역 4번 출구 도보 10분)
주요메뉴 평양·비빔냉면·온면 15,000원, 편육 35,000원,
제육 34,000원, 어복쟁반 중 78,000원

그동안 연이 닿지 않아 방문하지 못했던 터라 마음 한 켠에 항상 숙제처럼 자리 잡고 있던 곳이다. 결론부터 이야기하자면 너무 맛있다는 한 마디면 충분하다. 최근 들어 장충동 본점보다 맛이 좋다는 이야기를 많이 듣게 되어 내심 큰 기대를 품고 방문했다. 소문대로 기대 이상의 만족감이었다. 본점보다 육수의 밸런스가 훨씬 더 좋을 거라고는 예상하지 못했다. 아주 오래 전 장충동 본점에서 먹던 육수의 맛을 도곡점에서 느낄 수 있다니, 감개무량하다. 면 또한 미묘한 차이가 있지만 본점과 크게 다르지 않다.

장충동 계열 냉면의 전반적인 평 중 최근 가장 많이 언급되는 부분은 점점 강해지는 간에 대한 아쉬움이다. 예전의 고급스럽고 은은한 장충동계 육수의 맛이 강해지는 간에 덮혀 풍미가 감소되었다고 느끼는 식객들이 많다. 아마도 '평양냉면은 밍밍하다'라는 대중들의 평을 꽤나 의식한 결과가 아닐까 하는 생각이 든다. 적어도 이 부분에서 평양면옥 도곡점은 자신들만의 현명한 해답을 찾은 듯하다.

모든 장충동 계열 냉면집이 그러하듯, 평양면옥의 만두는 두말하면 입 아프다. 이북식 손만두의 표준이라 해도 과언이 아니다. 수많은 장충동계열 만둣국 마니아들의 칭찬 일색이 그 맛을 입증한다. 고기와 각종 채소들을 잘게 다져 넣은 소가 특징이다. 찐만두와 만둣국이 있는데 개인적으로 만둣국을 더 선호한다.

평양면옥은 도곡점 외에도 논현과 분당에 분점이 있는데, 직계 가족들이 본점 그대로의 상호를 걸고 운영하고 있다. 세 분점 모두 본점의 정체성을 최대한 지키며 운영 중이다. 기회가 된다면 하루를 넉넉히 잡고 장충동 본점을 시작으로 논현점, 도곡점, 분당점을 쭉 돌아보면 어떨까. 원조의 맛과 그곳에서 파생된 분점들의 차이점과 특징을 살펴본다면 즐거운 식도락 투어가 될 것이다.

분점과는 별개로 평양면옥에서 파생되어 성공한 업장들이 꽤 있다. 논현점에서 진미평양냉면이, 장충동에서 대동관(일산, 강서)이 파생되었다. 기본적인 풍미와 담음새 등이 무척 닮았다. 그 안에서도 저마다의 차별화와 개성을 잘 구현해 내고 있다. 전통에만 의지하기보다는 자신들의 색을 덧입혀 감칠맛을 끌어올린다. 특히 진미평양냉면은 2세대 평양냉면 전문점들 중에서 적지 않은 마니아를 거느린 곳으로 성장했다. 삼성동의 경평면옥은 평양면옥에서 파생되었지만, 앞서 말한 두 곳과는 다르게 변형을 최대한 자제하며 장충동의 풍미를 최대한 살리고 있다.
네 곳의 평양면옥들도 기존의 맛을 잃지 않는 범위 내에서 2세대들과 경쟁했으면 하는 바람이다.

아주 오래 전 장충동 본점에서 먹던 육수의 맛을 도곡점에서 느낄 수 있다니, 감개무량하다. 면 또한 미묘한 차이가 있지만 본점과 크게 다르지 않다.

봉밀가

강남구청점

6년 연속
미슐랭 빕구르망에 빛나는

주소 서울 강남구 선릉로 664 건설빌딩
주요메뉴 평양메밀물국수 13,000원, 메밀전 8,000원, 평양고기찐만두(4개) 7,500원,
기장돌냄비우동 10,000원 수육(중) 46,000원

최상급 한우만 선별해 육수를 우린다. 대놓고 육향을 강조하지 않지만 한우 특유의 고소하고 깊은 여운을 한껏 느낄 수 있다. 긴 시간 정성으로 우린 육수는 입안에서도 천천히 스며들면서 긴 여운을 남긴다.

봉밀가는 평양냉면 2세대 식당으로는 이례적으로 6년 연속 미슐랭 빕구르망에 선정되었다. 누구나 알법한 1세대 평양냉면 전문점이 아니라서 그 의미는 더 특별하다. 미슐랭이 맛집의 절대 지표는 아니지만 업장의 세부적인 부분을 망라하여 종합적인 평가를 내린다. 오랜 시간 쌓아온 미슐랭의 공신력은 개인의 맛집 선정에 있어서도 고려해 볼 만한 요소가 된다. 업장의 오너들에게 미슐랭 패치는 자랑할 만한 업적이자 자부심 그 자체이다.

봉밀가 오너의 고객 응대 서비스는 많은 식당들이, 특히 1세대 노포들이 필히 벤치마킹 해야 하는 부분이다. 처음에는 고객 응대가 과한 듯 느껴질 수 있지만 그만큼 섬세하다. 이러한 무형의 요소는 업

미쉐린 가이드
THE
MICHELIN
GUIDE
2018, 2019, 2020
(3년연속)
더 플레이트
서울 | SEOUL
평양냉면
신선곰탕
평양만둣국
어복쟁반
봉밀가
평양냉면

장에 대한 좋은 기억을 남기고 자연스레 재방문의 여지를 남긴다. 개업 초반에 면을 조금 더 주겠다며 고명이 빠진 냉면 한 그릇을 내어줄 정도로 후한 인심에 당황했던 기억이 있다. 봉밀가의 성장에 큰 영향을 미쳤다고 단언할 만큼 장점이긴 하지만 이 또한 음식의 질이 받쳐 주지 않으면 무용지물이다. 모든 메뉴들이 흠잡을 데 없을 만큼 훌륭하고 메뉴 구성이 다양하다.

이 집은 최상급 한우만 선별해 육수를 우린다. 대놓고 육향을 강조하지 않지만 한우 특유의 고소하고 깊은 여운을 한껏 느낄 수 있다. 긴 시간 정성으로 우린 육수는 입안에서도 천천히 스며들면서 긴 여운을 남긴다. 면은 메밀 함량이 높은 편인데, 고구마 전분을 함께 넣어 제면한다. 메밀은 고소한 곡향을, 고구마 전분은 탄력과 독특한 식감을 선사한다.

메밀전 역시 별미다. 메밀 반죽에 무심히 배추 한 장을 넣어 들기름에 구워 낸다. 단출한 구성이지만 재료 본연의 맛을 느끼기에 충분하다. 역시 메밀과 들기름의 조합은 언제나 옳다. 순수한 식재료의 합으로만 이정도의 꽉 찬 풍미를 만들어 낼 수 있는 음식이 과연 몇이나 될까. 파와 자작한 육수를 품은 수육은 소주와 최고의 조합이다. 낮술을 부르는 마법 같은 메뉴.

전국구로 유명세를 떨치고 있는 식당이라는 것을 증명이라도 하듯 저녁 시간대에는 발 디딜 틈 없이 붐빈다. 조금 늦기라도 하면 웨이팅은 필수다. 현재 행당동에 분점을 운영 중이며 최근 서울숲 인근에 또 하나의 분점을 오픈해 성수동의 젊은 층을 맞이하고 있다.

류경회관

구 평양옥

풍부한 곡향과
진한 육향의 완벽한 조화

주소 서울 강남구 논현로 71번길 18

주요메뉴 평양순냉면·평양비빔순냉면 14,000원, 평양냉면·비빔냉면 11,000원, 들기름냉면 15,000원, 어복쟁반 중 60,000원, 대 80,000원, 평양손만두 10,000원, 반 5,000원

역삼역 2번 출구 파이낸스센터에서 도보 10분 거리에 위치한 5년차 업장이다. 평양옥으로 개업하여 약 2년간 유지하다가 요식업 관련 벤처 기업과 롯데백화점 MD팀의 브랜딩을 거쳐 2021년 초 '류경회관'으로 재탄생하였다. 류경(柳京)은 버드나무가 있는 수려한 경치라는 뜻으로 평양의 다른 이름이다. 현재 분점은 종각역 그랑서울몰 내에 운영 중이다.

"사장님 곧 부자 되시겠어요."
개업 초 평양옥 시절에 내가 남긴 리뷰 제목이었다. 면과 육수를 한입 머금은 후 본능적으로 이 업장은 반드시 된다는 확신이 들었다. 류경회관은 40년간 면 요리에 몸담은 김영규 셰프가 수장으로 있다. 2.5세대 업장에서는 쉽게 접하기 힘든 확고한 독창성과 대중성을 함께 느낄 수 있는 이유다.

류경회관의 냉면은 면과 육수의 조화가 매우 훌륭하다. 진한 육수와 풍부한 곡향(특히 순면)을 품은 면 조합은 엄청난 풍미를 자랑한다. 면과 육수의 맛이 대책 없이 강하기만 하면 한쪽의 장점이 죽기 마련인데 류경회관의 냉면은 명확한 밸런스로 육

향과 곡향을 동시에 느끼기에 최적화되어 있다. 과장을 조금 보태자면 메밀 면에서 구수한 누룽지 향이 난다 해도 믿을 정도다. 평양냉면을 접해 보긴 했지만, 메밀 향을 온전히 느껴 보지 못한 분들이 있다면 서울 내에서 서관면옥, 평안도상원냉면과 함께 류경회관을 적극 추천한다. 현재 선보이는 면은 거친 질감과 투박한 식감이 차분하게 정돈되어 평양옥 시절보다 한결 더 매끈해졌다. 식감의 변화일 뿐 다행히도 맛에는 큰 차이가 없다.

류경회관은 평양냉면 전문점이 아닌 만두 맛집으로도 자주 거론된다. 냉면 전문점 치고 상대적으로 다양한 메뉴가 준비되어 있다. 대부분 평이 좋고 착한 가격대를 유지하는 것도 류경회관의 장점이다. 올해 처음으로 블루리본 서베이 패치를 했다. 특이하게 토요일이 휴무일이라 아쉽게 발걸음을 옮기는 경우가 생길 수 있으니 참고하자.

류경회관은 40년간 면 요리에 몸담은 김영규 셰프가 수장으로 있다. 2.5세대 업장에서는 쉽게 접하기 힘든 확고한 독창성과 대중성을 함께 느낄 수 있는 이유다.

경평면옥

또 하나의 장충동 평양면옥

경평면옥은 강남 권역에서 장충동 계열 평양냉면으로 유명세를 떨치고 있다. 논현동 평양면옥에서 15년 이상 근무했던 이력을 가진 김태권 사장님이 차린 업장이다. 장충동 계열 직계 가족이 운영하는 식당은 아니지만 그의 이력 덕에 1세대 스타일을 계승할 여건이 완벽히 갖춰져 있다. 메뉴들의 모양새부터 풍미까지 장충동 계열 스타일에 다른 것들을 가미하지 않고 있는 그대로 구현한다. 2세대 업장으로 분류되지만, 전통 레시피를 변형하지 않고 그대로 유지해온 만큼 직계 가족들이 운영하는 장충동 계열 식당들과 자주 비교가 된다.

개업 초반 평양냉면 마니아들에게 '장평옥(장충동 평양면옥) 주니어'라고 불리던 때도 있었다. 하지만 10년 가까이 발전을 거듭한 식당에게 주니어라는 칭호는 더 이상 어울리지 않아 보인다. 오히려 본점보다 낫다는 평을 하는 사람을 간혹 만나게 될 정도로 성장했다. 직계가족이 운영하는 식당이 아니기에 이런 긍정적인 발전은 더 큰 의미가 있다.

주소 서울 강남구 삼성로104길 12윤빈빌딩 2층 경평면옥

주요메뉴 평양냉면·비빔냉면·접시만두·온면·만두국 14,000원, 편육한접시 32,000원, 제육한접시 30,000원
경평어복쟁반 대 95,000원/소 60,000원

냉면의 맛 또한 장충동계열의 특징을 놀라울 정도로 잘 구현해 냈다. 장충동 계열 육수 특유의 고급스러운 육향은 물론이거니와 면의 식감 또한 완벽하게 구현하고 있다. 장충동을 아는 식객들이라면 만족할 만하다. 굳이 다른 식당들과 연결 짓지 않고 경평면옥 냉면 자체의 완성도만을 보면 만족도는 더 높다. 어느 곳 하나 흠잡을 데 없이 말쑥하게 정돈된 냉면이지만, 태생적으로 장충동 평양면옥의 이름은 항상 따라다닐 수밖에 없다는 것이 아쉽다. 완벽히 안정권으로 자리 잡은 이 시점에서 경평면옥만의 완성도 높은 독자적인 메뉴 개발로 차별화를 둔다면, 한 단계 더 성장하는 계기가 되지 않을까 하는 생각도 해 본다.

건물 2층에 자리 잡고 있는 것이 운영적인 측면에서 다소 불리할 수 있겠으나 성실한 업장 운영과 만족스런 메뉴들을 통해 힘든 시기를 뚝심 있게 이겨냈다. 제육과 편육, 만두 등 서브 메뉴 또한 평이 좋아 인근 회사원들에게 입소문이 퍼져 이제는 삼성동의 지역 맛집으로 인식될 만큼 탄탄히 입지를 굳혔다. 점심, 저녁 시간에 직장인 손님들로 늘 북적인다.

개업 초반 평양냉면 마니아들에게 '장평옥 주니어'라고 불리던 때도 있었다. 하지만 10년 가까이 발전을 거듭한 식당에게 주니어라는 칭호는 더 이상 어울리지 않아 보인다. 오히려 본점보다 낫다는 평을 하는 사람을 간혹 만나게 될 정도로 성장했다.

봉피양

방이점

대한민국 평냉 대중화의 일등 공신

주소 서울 송파구 양재대로 71길 1-4

주요메뉴 평양·비빔냉면 16,000원 순면 18,000원, 돼지목심본갈비270g 36,000원, 고추장삼겹살 33,000원, 벽제 설렁탕 19,000원 봉피양은 평양냉면 대중화를 논할 때 가장 중심에 놓인다. 1세대와 2세대의 연결 고리이자 봉피양의 독자적인 레시피는 수많은 후발 주자들에게 큰 영향력을 끼쳤다. 평양냉면뿐 아니라 한국식 프리미엄 고깃집에 있어서도 표준이 되는 곳으로 맛과 대중성 두 마리 토끼를 모두 잡았다. 고깃집으로도 냉면집으로도 명성이 높은 만큼 덩치도 커져 현재는 수많은 체인을 거느린 대형 프랜차이즈로 성장했다. 방이역 4번 출구에서 5분 거리에 자리 잡고 있다. 봉피양과 벽제갈비라는 두 개의 상호를 함께 사용하기 때문에 첫 방문객들은 다소 혼란스러울 수 있으니 참고하자.

봉피양의 설립자 김태원은 우래옥 출신이다. 우래옥에서 습득한 레시피를 바탕으로 자신만의 스타일을 가미하여 대중들이 좋아할 만한 새로운 냉면을 만들어 냈다. 1995년도 무렵이니 2세대 평양냉면 전문점들보다 아주 이른 출발이었다. 누군가는 봉피양을 세대의 연결 고리, 누군가는 1.5세대로 칭하는 것이 이 때문이다.

봉피양은 평양냉면이 실향민들의 애환과 향수를 달래 주는 음식이라는 인식에서 탈피하여 많은 사람들이 고기(불고기가 아닌 구워 먹는 고기)와 함께 즐길 수 있는 음식으로 의식을 전환했다. 더불어 평양냉면은 '북한 출신 조리장들이 만들어야 진짜다'라는 오래된 관념이 있는데, 이를 충청도 출신의 김태원 설립자가 산산이 부숴버렸다. 충청도 출신이 자타공인 평양냉면 장인이 될 것이라고 누가 예상이나 했을까.

설립자는 우래옥 출신이지만 맛에 있어서만큼은

독자적인 노선을 추구했다. 봉피양 냉면을 두고 우래옥 계열이라 말하는 사람은 없다. 우래옥은 서울식 평양냉면의 전통을 고수하며 한우 육수를 필두로 굵고 진한 육수를 선보인다. 봉피양은 소고기, 닭고기, 돼지고기를 골고루 사용하여 풍부한 육향을 더했다. 여기에 동치미를 황금 비율로 조합하여 대중이 원하는 감칠맛을 최대로 끌어올렸다.

좋은 평을 듣는 신생 업체들 가운데(진하게 육수를 우려내는 식당들 중) 봉피양 스타일을 차용한 식당들을 자주 보게 된다. 디테일은 저마다 다르지만 육수의 풍미와 동치미의 비율, 그리고 면의 식감에서 봉피양이 떠올랐던 곳이 많았다는 사실은 부정할 수 없다. 봉피양 냉면의 풍부한 맛을 찾아내려는 후발 주자들의 흔적은 여러 곳에서 어렵지 않게 느낄 수 있다. 고객들의 발길이 끊이지 않는 식당을 만들고 싶은 오너라면 누가 맛보아도 거부감 없는 맛을 바탕으로 자신만의 정체성을 입혀내는 것이 최종 목표 아니겠는가. 성공한 사례를 벤치마킹하는 과정에서 평양냉면 식당들이 상향 평준화되고 있다.

봉피양의 유일한 단점이라면 가격대가 매우 높다는 것이다. 그러나 펜데믹을 지나고 천정부지로 오르는 물가에 많은 식당들의 가격이 오르면서 이제는 크게 의미가 없어졌다. 대부분의 메뉴가 명성만큼 높은 가격대라는 정도만 알아두자. 이런들 어떠하리, 저런들 어떠하리. 봉피양은 우래옥과 함께 '내 생애 첫 평양냉면 프로젝트'에 있어서 부동의 1순위 냉면이다.

봉피양은 평양냉면이 실향민들의 애환과 향수를 달래 주는 음식이라는 인식에서 탈피하여 많은 사람들이 고기와 함께 즐길 수 있는 음식으로 의식을 전환했다.

옥돌현옥

광화문에는 광화문국밥,
오금동에는 옥돌현옥

주소 서울 송파구 오금로36길 26-1 (오금역 6번 출구 도보 10분)

주요메뉴 평양냉면·비빔냉면 13,000원, 돼지곰탕 10,000원, 가자미식해 18,000원, 소고기국밥 9,000원, 어복쟁반 중 65,000원, 손만두 4개 8,000원

옥돌현옥은 개업 후 모든 메뉴의 퀄리티가 급격하게 좋아져 고객들의 칭찬이 자자했다. 단순히 맛 자체의 변화보다는 일일이 설명하지 않아도 알아챌 수 있는 '셰프의 연구와 고민의 흔적'을 고객들이 충분히 느낄 수 있었다.

단기간에 송파구의 맛집으로 거듭난 옥돌현옥. 처음 방문하면 식당 내부에 놀랄 수 있다. 르네상스한 서양화가 걸려 있는 벽과 전반적인 인테리어 때문에 을지로의 뉴트로한 분위기가 느껴져 힙하다. 내가 생각하는 일반적인 평양냉면 식당의 분위기는 오래된 도끼다시 바닥에 벽은 차가운 흰색 페인트로 칠해져 있는 모습이다. 하지만 이 또한 편견이고 일단 음식 맛이 좋으면 특이 사항도 플러스가 되는 법.

옥돌현옥은 개업 후 약 2년간 자리를 잡아가는 과정에서 모든 메뉴의 퀄리티가 급격하게 좋아져 고객들의 칭찬이 자자했다. 단순히 맛 자체의 변화보다는 일일이 설명하지 않아도 알아챌 수 있는 '셰프의 연구와 고민의 흔적'을 고객들이 충분히

느낄 수 있었다. 식당의 지속적인 노력은 고객들과의 유대관계를 형성하는 선순환을 만들어 냈는데, 긍정적인 상호 작용이야말로 옥돌현옥 성장의 가장 큰 원동력이었다.

냉면의 모습은 의정부 계열과 매우 흡사하다. 모습만으로는 판별이 불가능할 정도로 닮아 있지만, 육수 맛이 확연하게 다르다. 염도와 풍미가 의정부 계열보다 강하고 감칠맛이 입안에 더 오래 맴돈다. 육수를 한 모금만 마셔 봐도 매우 좋은 등급의 고기를 사용해 육수를 우렸다는 것을 알 수 있다. 육향이 강하게 뿜어져 나오는 육수를 선호하는 식객들은 매우 '호'일 듯하다. 전반적으로 우래옥, 평양옥, 봉피양 등 육향이 진한 냉면을 선호하는 분들이라면 옥돌현옥의 냉면 또한 분명한 '호'일 확률이 크다. 면은 얇게 제면된 편이고, 탄력이 있으면서 동시에 끊김이 좋다. 개인적으로 순면이 아닌 이상 얇은 면을 선호한다. 얇은 면은 면 사이사이에 많은 육수를 머금고 있어서 육수와 면의 조화를 제대로 느낄 수 있기 때문이다. 특히 육수가 진할수록 그 매력은 진가를 발휘한다. 최근 절치부심으로 연구한 순면을 제공한다는 소식이 들려 시간을 내 다녀올 생각이다. 분명 괜찮은 수준의 결과물을 맛볼 수 있을 것 같은 예감이 든다.

어복쟁반은 고기의 양이 푸짐하고 다양한 부위를 담아낸다. 푸짐한 인심에 비해 가격대는 무척이나 저렴하다. 재료 본연의 맛을 칼칼하게 살린 가자미식해도 꼭 맛보아야 하는 이 집의 별미다.

국밥 메뉴도 꽤 수준이 높아 보인다. 때마침 나이 지긋한 어르신 고객이 옥돌현옥 돼지국밥을 칭찬하며 지인들을 데리고 방문하셨다. 그 모습을 보니 옥돌현옥 메뉴 구성이 국밥과 냉면을 메인으로 설정하여 운영하는 박찬일 셰프의 광화문국밥과 무척 닮아 있다는 생각이 들었다. 물론 규모의 차이와 음식 스타일 등 업장의 전체적인 분위기에서 큰 차이가 존재하겠지만, 광화문국밥만큼 성장할 만한 가능성이 엿보인다.

밀각

가락본점

**후한 인심이 담긴
냉면 한 그릇**

밀각은 굳이 분류하면 족발 전문점이다. 분당 로컬 식당인 윤밀원으로부터 영향을 받았다. 시그니처 메뉴인 족발, 양무침, 평양냉면, 곰탕 등 메뉴에서 윤밀원과 깊은 연관성이 있다는 것을 알 수 있다. 소비자들에겐 분당이 아닌 서울에서 고퀄리티의 메뉴들을 쉽게 맛볼 기회가 생겼으니 이보다 더 좋을 수는 없다. 최근 방문객들의 좋은 평으로 상승세를 유지하고 있는데, 기세를 몰아 얼마 전 대치동에 직영점을 오픈했다.

주문한 평양냉면이 나오자마자 깜짝 놀랐다. 큼지막한 냉면 그릇에 양지 고명을 아낌없이 담아주었다. 지금껏 다녀본 냉면 식당 중 풍성한 고기 고명으로는 단연 최고다. 과장을 조금 보태자면 제육 반 접시 정도 되는 양이다. 일단 고기 많이 주는 식당은 좋은 식당 아니겠는가. 이런 기준이라면 밀각은 국내에서 최고로 좋은 식당이다. 고기 양만큼은 초심을 잃지 않고 끝까지 변함없는 모습을 보여주었으면 하는 간절한 바람이다.

주소 서울 송파구 송파대로28길 27 송파성원쌍떼빌
주요메뉴 평양냉면 13,000원, 막국수 12,000원,
양무침 29,000원, 족발 45,000원, 양곰탕 13,000원

냉면의 풍미는 윤밀원과 꽤 차이가 있다. 육수가 매우 간간한 것이 용인의 교동면옥, 고덕면옥 등과 결을 같이 한다. 고기 향을 오롯이 느낄 수 있는 매우 기품 있는 육수다. 이것저것 섞이지 않아 순수하기까지 하다. 푸짐한 양지 고명으로 추측하건데, 육수를 우릴 때 다른 부위보다 소 양지의 비율이 매우 높아 보인다.

비 오는 날이라 반신반의했는데 우려와 다르게 제면이 무척 잘된 느낌이다. 퍼지지도 설익지도 않게 익혀 툭툭 끊어지는 식감을 최대한 살렸다. 메밀과 전분의 비율은 다른 식당들과 비슷하게 7:3 정도지만, 식감에서 느껴지는 메밀 비율은 그보다 조금 더 높게 느껴진다. 면의 식감에서는 윤밀원의 풍미를 어렴풋이 느낄 수 있다. 아, 그러고 보니 매우 큰 유기그릇의 느낌도 닮았다.

윤밀원의 육수가 꼬릿하지만 감칠맛 도는 것에 비해 밀각의 육수는 매우 간간한 편이다. 개인적으로는 밀각의 것이 고급스럽게 느껴지지만 대중의 기준은 상대적으로 염도가 높은 윤밀원 냉면을 더 선호할 것으로 보인다. 우열을 가릴 수는 없는 어디까지나 개취의 판단과 적용이 필요하다.

맛을 찾아다니는 식객들 사이에서는 윤밀원과 밀각의 우열 가림이 지속적으로 전개될 것이다. 윤밀원은 유니크하고 음식 솜씨가 좋은 곳으로 정평이 나 있기에 두 곳을 방문한 사람들 사이에서 음식의 퀄리티를 논할 때 밀각 역시 좋은 평이 들리길 바란다.(물론 지금도 좋은 평을 듣고 있지만) 규모 면에서는 이미 윤밀원에 버금갈 정도로 성장한 듯하다.

큼지막한 냉면 그릇에
양지 고명을 아낌없이 담아주었다.
지금껏 다녀본 냉면 식당 중
풍성한 고기 고명으로는 단연 최고다.

한아람

**고깃집으로 위장한
강동 평양냉면의 은둔 고수**

한아람은 올림픽공원 평화의 문이 보이는 한성백제역 4번 출구 1분 거리에 자리 잡고 있다. 송파권역에서 봉피양과 함께 프리미엄 고깃집으로 나름 유명세를 구가하며 선전하고 있는 곳이다. 과거 방이삼거리 근처에서 운영하였으나, 2017년 즈음 현 위치로 이전했다. 질 좋은 소고기를 제공하여 예나 지금이나 고객들의 평판이 좋다.

아쉽게도 프리미엄 한우집으로 알려지다 보니 상대적으로 평양냉면에 대한 정보 전달이 덜하지만, 높은 수준의 고기 메뉴만큼 평양냉면도 만족할 만한 결과물을 제공한다. 마블링이 촘촘한 투뿔 한우 양지로만 우린 육수는 그윽한 육향과 풍미 그리고 양지육수의 순수함을 오롯이 담고 있다.

이 집 냉면의 매력 포인트는 면에 있다. 얇게 제면한 순면이 기본적으로 제공되는데 다른 식당들과의 식감 차이가 뚜렷하다. 무척 독특한 식감으로 입안에서 면이 하늘거리며 씹힌다. 면을 입으로 말아

주소 서울 송파구 위례성대로 34 지산빌딩
주요메뉴 한우 꽃등심 45,000원, 한우100%순메밀평양냉면 15,000원, 한우 더블치즈버거 15,000원

이 집 냉면의 매력 포인트는 면에 있다. 얇게 제면한 순면이 기본적으로 제공되는데 다른 식당들과의 식감 차이가 뚜렷하다. 무척 독특한 식감으로 입안에서 면이 하늘거리며 씹힌다.

올릴 때 얇은 면에 적당한 육수가 배어 함께 입으로 들어와 면과 육수를 함께 느낄 수 있다.

프리미엄 고깃집이지만 평양냉면으로도 유명한 인근의 봉피양(본점)의 존재감이 어마어마해 동일한 방향성을 추구하는 한아람이 상대적으로 묻히는 듯해 다소 아쉽다. 객관적으로 봉피양만큼 고기 메뉴, 평양냉면 수준이 높은 식당이기에 대중들에게 긍정적인 홍보가 지속적으로 이루어졌으면 하는 바람이다. 물론 평양냉면보다 한우를 먹으러 가는 고객이 많겠지만 냉면 단일 메뉴로만 봐도 충분한 매력을 발산하는 곳이다.

아, 그리고 누가 봐도 세상 뜬금없는 메뉴 '한우 더블치즈버거'를 드셔보신 분이 있다면 후기를 부탁드린다.

봉래면옥

소박하지만 내공있는 강동구의 숨은 강자

최근 5년간, 강동·송파 권역에는 수많은 평양냉면 식당들이 생겼다 사라지기를 반복했다. 봉피양과 같은 골목에 자리 잡았던 금왕평양냉면을 비롯해 강동구청 앞의 성일면옥(현재 타지역으로 이동), 확실한 마니아층을 형성했던 고덕면옥 등 아쉽게 사라진 집들이 많다. 그만큼 강동구는 치열한 냉면 전투가 펼쳐지는 격전지인데, 그중에서 봉래면옥은 강동·송파 권역의 치열한 냉면 전투에서 살아남아 이북 식당의 명맥을 이어가는 강동구의 대표적인 후발 주자다. 꾸밈없고 소탈한 동네 식당 느낌 때문에 개인적으로 애정하는 곳이기도 하다. 분위기는 소박하지만 맛은 전혀 소박하지 않은 외유내강형이다. 냉면을 처음 맛보고 육수 맛이 기대 이상으로 훌륭해 깜짝 놀랐다.

육안으로 봐도 감칠맛이 짙고 육향이 강한 육수처럼 보이는데, 외형 그대로의 맛이다. 1세대 업장의 오리지널리티와 비교할 수는 없지만, 과하지도 부

주소 서울 강동구 명일로 200-16
주요메뉴 평양냉면 12,000원, 평양냉면(순면) 14,000원, 어복쟁반(중) 50,000원
아롱사태편육 25,000원, 갈비탕 14,000원, 수제만두 10,000원

족하지도 않은 봉래면옥만의 진득한 육향과 감칠맛을 보여준다. 조금은 투박한 느낌을 가지고 있지만 요즘 유행하는 스타일이다. 날마다 편차가 있는 정도를 감안하더라도 전체적으로 꽤 괜찮은 수준의 냉면을 제공한다.

면은 얇은 편이다. 면의 굵기 때문에 호불호가 크게 갈리지만 어디까지나 취향의 차이로 냉면의 수준을 논할 수 없는 부분이다. 최근 들어 면이 예전보다 굵어졌다는 평이 있다. 제면기의 분창이 오래되면 분창 구멍이 늘어나 점점 커지게 되는데 이러한 경우 얇았던 면이 다소 두꺼워질 수 있으니 이러한 부분을 염두에 두면 좋을 듯하다. 순면과 일반 면 중에서 선택할 수 있으며 가격 차이가 크게 나지 않는다. 굵게 썰어 주는 아롱사태 편육과 만두 등 사이드 메뉴도 맛이 좋고, 가격이 합리적이다. 평양냉면, 어복쟁반, 메밀전 등 이북식 메뉴가 주를 이루지만 호불호가 적은 갈비탕, 곰탕 등의 메뉴도 마련해 놓았다.

강동구는 치열한 냉면 전투가 펼쳐지는 격전지인데, 그중에서 봉래면옥은 강동·송파 권역의 치열한 냉면 전투에서 살아남아 이북 식당의 명맥을 이어가는 강동구의 대표적인 후발 주자다.

평양면옥

오류동

**오류동 맛집.
근데 이제
정인면옥을 곁들인...**

오류동평양면옥은 정인면옥의 역사와 맞물려 있다. 상호는 다르지만 정인면옥의 탄생은 이 곳 오류동에서 부터 출발한다. 창업자의 아드님이 광명 정인면옥을 개업해 이름을 알린 것이 정인면옥의 시작이다.

광명 정인면옥이 한창 유명세를 타던 시기에 업장을 지인에게 넘긴 사장님은 여의도에 새로운 정인면옥을 개업하고 '본점'으로 영업하게 된다. 이 때 여의도 직장인들에게 맛집으로 소문이 나며 인지도가 수직 상승하는 계기가 된다.

현재 정인면옥은 광명 이외에도 판교 현대백화점, 부천 심곡동에 지점을 두고 운영중이다. 오류동평양면옥은 창업자가 돌아가신 후 다른 아드님이 운영중이다.

비오는날 지인과 찾은 오류동평양면옥은 사람이 없어 매우 쾌적했다. 애석하게 면이 퍼져 좋은 컨디션이 아니지만, 원래의 느낌은 충분히 가늠 할

주소 서울 구로구 고척로 10길 65
주요메뉴 물·비빔냉면 9,000원, 빈대떡 9,000원, 편육 18,000원, 한우편육 30,000원

수 있다. 면발이 전반적으로 뽀얗고 굵다. 육향과 감칠맛이 진한 육수다. 디테일 면에서 정인면옥 보다 조금 덜 한 느낌을 받는다. 투박한듯 하지만 꽤 대중적인 풍미다. 만두와 녹두전도 준수하다.

이곳의 가장 큰 메리트는 뭐니뭐니 해도 가격이다. 냉면 뿐 아닌 모든 메뉴가 전반적으로 저렴하다. 부담스럽지 않게 여러 메뉴를 맛볼 수 있다.

수도권 저가 냉면 중 가장 큰 인지도를 자랑하는 낙원동 유진식당보다 가성비가 훌륭하다는 것이 개인적인 생각이다. 스타일은 다르지만 굳이 견줄만한 곳을 찾아 본다면 광진구의 서북면옥과 강북구의 여러분평양냉면의 가성비 정도로 훌륭하다.

가성비 인지도에서 밀리는 느낌이 다소 아쉽지만 저가 타이틀을 떼고 맛집으로 소문이 나는 것이 장기적으로는 이득일 것이다.

역사적인 부분과 맞물려 조용히 아우라를 풍기는 노포다. 평양냉면 마니아들은 여러 이유로 주목하지 않을 수 없다.

식당 근처 골목과 길거리에 불법주차 딱지가 붙어있는 차량들이 태반이다. 주차가 매우 불편하여 웬만하면 대중교통을 이용하길 권한다.

면발이 전반적으로 뽀얗고 굵다.
육향과 감칠맛이 진한 육수다.
투박한듯 하지만 꽤 대중적인 풍미다.
만두와 녹두전도 준수하다.

평냉집

유니크하게 간간한, 정직한 육수

평냉집은 상일동 상일 초등학교 바로 앞에 있는 작은 식당이다. 강동 지역에서는 그나마 최근에 생긴 축에 드는 평양냉면 집이다. 이름마저 이보다 더 평양냉면일 수 없는 평냉집이다. 평양냉면 이외의 메뉴는 이북식 음식이 아니다. 평양냉면 못지않게 인기가 좋은 돈국밥은 서울식 돼지국밥이다. 부산의 돼지국밥이 아닌 오금동 옥돌현옥의 맑은 돼지국밥과 비슷하다. 그 밖에도 만둣국, 아롱사태 수육 등 다양한 메뉴로 이루어져 있다.

빨간 고춧가루와 파를 송송 썰어 흩뿌려 놓은 모습이 언뜻 보면 의정부 계열의 냉면을 떠올리게 하지만 육수는 정반대로 간간하고 정갈하다. 무미로 시작해 천천히 입안에 감칠맛이 돌더니 마지막에는 고기 향이 치고 올라온다. 최근 접한 냉면 육수 중에서 가장 맑고 조미가 많이 되지 않았음에도 불구하고 기승전결이 확실한 느낌이다.

이 집은 면이 매우 얇은 것이 특징이다. 맛을 보자

주소 서울 강동구 천호대로 219길 76
주요메뉴 평양·비빔냉면 10,000원, 평양·비빔 곱빼기 12,000원 수육(아롱사태) 25,000원, 돈국밥 11,000원, 돈만두국 10,000원

마자 농심의 '메밀소바'가 연상되는 구수함이 입안에 퍼진다. 직접 제면을 하는 평양냉면 집에서는 쉽게 접할 수 없는 풍미다. 나에겐 거부감이 없는 맛이지만 식객의 취향에 따라 호불호가 갈릴 수 있을 듯하다.

궁금한 마음에 제면을 직접 하는지 사장님께 여쭤보니 식당이 좁아서 면을 따로 맞춰서 사용하고 있다는 답을 들었다. 성수동의 색다른면 역시 작은 식당의 여건상 메밀 함량이 높은 고품질의 기성품을 사용하지만 냉면의 밸런스와 식당 고유의 정체성을 나름대로 성실히 구현하고 있다. 평냉집 또한 자가제면을 하고 있지는 않지만 업장 고유의 개성 있는 냉면을 선보이고 있음에 틀림없다.

처음 평양냉면을 접하는 분들에게 권하기는 조금 조심스럽지만, 평양냉면의 새로운 풍미를 경험해 보고 싶다면 강력히 추천한다. 특히 평냉 마니아들은 방문 필수. 평양냉면의 다양성과 새로운 방향성에 있어 매우 긍정적인 업장이다.

무미로 시작해 천천히 입안에 감칠맛이 돌더니 마지막에는 고기 향이 치고 올라온다. 최근 접한 냉면 육수 중에서 가장 밝고 조미가 많이 되지 않았음에도 불구하고 기승전결이 확실한 느낌이다.

경기 북서부

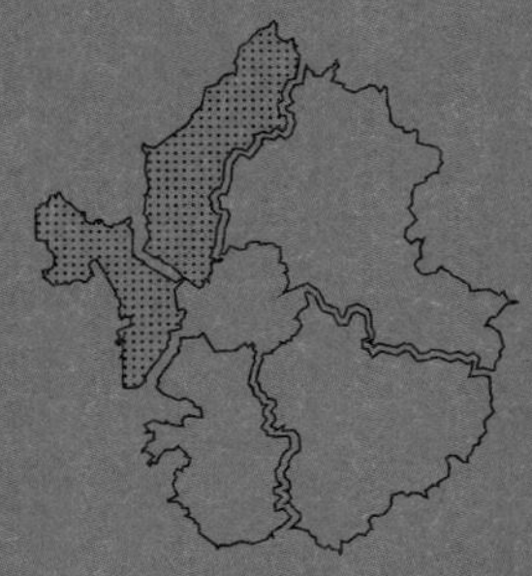

서령 | 경인면옥 | 백령면옥 | 백면옥 | 양각도_본점 | 동무밥상

서령

구 강화도 장원막국수

강화도에는
메밀 면 장인이 산다

주소 인천 강화군 길상면 보리고개로 96
주요메뉴 평양냉면 물·비빔, 들기름메밀국수 15,000원, 양많이 20,000원, 항정살돼지수육200g 32,000원, 100g 17,000원, 수제찐만두 10,000원, 반5,000원, 면추가 10,000원

서령은 메밀 면 장인으로 정평이 나 있는 사장님 내외분이 운영하는 식당이다. 강원도 홍천 '장원막국수' 본점을 약 20년간 운영하며 다수의 분점을 배출했다. 누구나 한 번쯤 들어본 장원막국수 대중화의 주역이다. 식당을 성장시키는 과정에서 메밀 면과 막국수 조리에 큰 족적을 남겼다.
여러 이유로 강화도에 조촐하게 개업했으나 대중들은 숨겨진 맛집을 가만두지 않는다. 완성도 높은 순면을 맛볼 수 있다는 입소문이 퍼지며 개업 2년여 만에 전국에서 가장 주목받는 평양냉면 집 중 하나가 됐다. 첫 상호는 '강화도 장원막국수'였으나 평양냉면과 막국수의 구분에 대한 대중들의 혼란을 방지하기 위해 서령이라는 이름으로 변경했다.

고수는 고수를 알아보는 법. 서령은 전국 각지의 면 고수들에게 극찬을 받는다. 서령만의 노하우가 담긴 100% 메밀 순면 때문이다. 메밀이 가장 맛있는 크기, 최적의 보관 습도, 제분 시 입자 크기에 따른 면의 질감 등 세세한 부분을 고려하여 제면한다. 20년간 꾸준한 연구로 쌓은 내공이 최상의 순면을 빚어 낸다. 곡향이 매우 풍부하고 면의 탄력 역시 메밀 100%라고는 믿기지 않을 정도로 완성도가 높다. 최상의 면 상태를 유지하기 위해 먼저 반죽을 하지 않고 주문과 동시에 반죽과 제면을 시작한다. 이 집 면의 풍부한 곡향에 비할 곳은 류경회관(구 평양옥) 정도밖에 없다. 육수 역시 군더더기 없이 말쑥하다. 매일 새벽 4시에 시작해서 6시간을 우려낸 육수는 고급스럽고 진한 육향이 가득 담겨 있다. 정성과 노하우로 완성된 냉면은 하루에 단 200그릇만 한정으로 판매한다.

메뉴는 냉면과 만두, 두 가지로 단출하게 시작했는데, 얼마 전부터 항정살 돼지수육을 추가했다. 장원막국수의 사이드 메뉴인 수육과 녹두전으로 미루어 볼 때 수준 높은 메뉴를 제공할 수 있음에도 불구하고 메뉴를 늘리지 않는 이유는 식당의 원활한 운영과 주메뉴의 완성도를 위한 집중과 선택이다.

들기름 막국수를 맛보게 되었다. 경험상 순면의 상태와 완성도는 물냉면보다 비빔냉면, 그리고 들기름 메뉴에서 구분하기 쉽다. 시간이 지남에 따라 면이 불어 탄력이 급격히 떨어져 쉽게 끊기는데, 이 집의 메밀 면은 오랜 시간 탄력이 유지된다. 면 전문가들이 왜 서령의 면에 감탄하는지 체감되는

육수 역시 군더더기 없이 말쑥하다.
매일 새벽 4시부터 시작되는 육수작업은
6시간을 우려내는 과정을 거친다.
고급스럽고 진한 육향이 가득 담긴 육수다.

순간이다. 냉면 모습은 장원막국수와 동일하여 구분이 어렵다. 다른 평양냉면 집들과의 차이점이라면 고기 고명을 면 아래 깔아준다는 점인데 이 또한 장원막국수의 기조를 유지한다.

방문하고 싶은 마음은 굴뚝같았으나 만만치 않은 거리 때문에 서령을 너무 늦게 방문했다. 당신은 나와 같은 실수를 하지 마시라. 강화도행 여정은 메밀 면 장인의 냉면을 먹기 위한 목적 하나만으로도 충분하다. 아! 육수 수혈이 필요한 순간을 위해 캔 육수는 넉넉히 구매해 두자.

경인면옥

**인천 평양냉면은
일단 여기 찍고!**

그 옛날 인천에서 자생한 식당들은 모두 사라졌지만 경인면옥은 인천을 대표하는 평양냉면 전문점으로 명맥을 이어가고 있다. 1944년 종로에서 영업을 시작했지만 서울에서의 운영 기간은 2년 남짓밖에 안 된다. 실질적으로 인천 로컬 식당이라고 보는 것이 타당하다. 가게 내부에는 식당의 과거 모습이 담긴 사진이나 옛 지도 등이 걸려 있다. 3대째 유지해 온 식당의 오랜 내공과 역사를 확실히 보여준다. 경인면옥은 한국의 근현대사를 냉면 한 그릇에 오롯이 담아낸다.

평양냉면 전문점의 애피타이저는 메밀 면을 삶은 물, 면수 아니던가. 이 집은 재미나게도 함흥냉면 전문점에서 나오는 감칠맛 도는 조미 온육수가 나온다. 육수는 간장을 베이스로 한다. 소고기 육수가 포함되긴 하지만 육향이 적은 편이고 간장 향과 감칠맛이 입에 오래 남는다. 육향이 강한 육수를 기대한 고객들은 조금 당황할 수 있지만, 달큰하고

주소 인천 중구 신포로46번길 38

주요메뉴 평양물냉면·평양온면 11,000원, 평양회비빔냉면 14,000원, 돼지고기편육 18,000원, 서울불고기·경인불고기 16,000원 녹두지지미 11,000원, 손찐만두 7,000원

입에 달라붙는 감칠맛이 꽤 대중적이다. 면은 서울식 평양냉면과 달리 찰기가 있다. 그렇다고 가위로 잘라먹을 정도는 아니다.
경인면옥은 메뉴 선택의 폭이 넓다. 주요 메뉴는 냉면이지만 테이블을 슥 둘러보면 갈비탕, 육개장 등도 인기 있는 식당이라는 것을 알 수 있다. 특히 갈비탕이 인기가 좋은데, 점심 25그릇, 저녁 15그릇만 한정 판매한다. 과거에는 육우를 사용하여 육수를 우렸으나 현재는 점점 까다로워지는 대중들의 입맛을 잡기 위해 1등급 한우를 사용한다.

경인면옥은 인천 로컬 평양냉면을 논할 때는 물론이고, 대한민국의 평양냉면 역사를 논할 때 역시 빠져서는 안 되는 곳이다. 역사적으로 상징적 가치가 매우 높다. 평양냉면의 역사와 흐름을 알고 싶은 사람이라면 반드시 방문해야 하는 필수 식당이다.

경인면옥은 역사적으로 상징적 가치가 매우 높다. 평양냉면의 역사와 흐름을 알고 싶은 사람이라면 반드시 방문해야 하는 필수 식당이다.

백령면옥

황해도식
까나리 냉면 알리미

황해도식 냉면은 평양냉면으로 분류하기에는 다소 무리가 있다. 하지만 평양냉면과 비교해 보면 세세한 차이점을 알 수 있고, 냉면의 카테고리를 다양하게 넓혀갈 수 있다. 평양냉면을 주제로 하는 책이지만 황해도식 냉면(인천 백령도, 양평군 옥천면)은 반드시 소개하고 싶었다. 평양냉면을 이해하는데도 분명 도움이 될 수 있을 것이라고 생각한다.

수도권에서 황해도식 냉면을 제공하는 지역은 인천 백령도, 양평군 옥천면으로 크게 나뉜다. 인천 권역(백령도)은 몇 년 전 유명 맛집 탐험 프로그램에 까나리 액젓으로 맛을 내는 황해도식 냉면이 소개되면서 널리 알려지게 됐다. 백령도 내에 다수의 냉면집들이 존재하지만 백령도 냉면은 배로 4시간을 넘게 들어간다는 부담을 감당할 수 있는 사람들에게만 주어지는 특권이다.
하지만 백령면옥은 백령도에 들어가지 않고도 백령도식 냉면을 맛볼 수 있는 곳으로, 그 맛이 궁

주소 인천 미추홀구 석정로 226 (제물포역 2번 출구 5분)
주요메뉴 물냉면·반냉면·비빔냉면 9,000원, 수육 12,000원, 빈대떡 7,000원, 메밀전병 6,000원

금한 사람들에게는 필수 코스다. 백령면옥은 인천광역시 상수도사업본부 맞은편에 자리 잡고 있다. 식당 골목 100m 뒤편에 널찍한 백령면옥 전용 주차장이 있어 피크 타임에도 무리 없이 주차가 가능하다.

백령도식 냉면은 평양냉면과 비슷한 부분이 많지만 확실한 차이점 역시 존재한다. 평양냉면의 사촌 정도로 보면 된다. 일반적으로 평양냉면은 사태, 양지 등 고기 삶은 육수를 베이스로 사용하지만 백령면옥의 경우에는 한우 반골(사골과 다른 뼈들의 중간에 있는)을 우려낸 육수를 기본으로 사용한다. 동치미를 섞는 것은 동일하지만 고기 육수가 달라 맛과 투명도에서 확연한 차이를 보인다. 여기에 첨가된 까나리 액젓은 육수의 달큰한 풍미를 끌어올린다.

면을 풀지 않고 육수를 한 모금 마시면 까나리 액젓의 향이 명확하게 느껴진다. 신기하게도 면을 풀어 곡향이 섞이고, 거듭 먹다 보면 액젓의 꼬릿함은 사라지고 감칠맛만 남는다. 백령도식 황해도 냉면의 육수는 감칠맛이 강한 칡냉면 또는 시판 물냉면 육수를 떠올릴 만큼 대중적이다. 찬으로 나오는 열무김치도 까나리 향이 매우 강해 입에 오래 맴돈다.
상호답게 백령도산 메밀을 자가 제분, 제면하여 소비자들에게 당일 제공하고 있다. 면의 찰기가 꽤 있다. 메밀 함량이 낮게 느껴지고 곡향 또한 풍부한 편은 아니지만 겉 메밀(메밀 껍질)을 함께 갈아 면의 색감을 살리고 전분으로 쫄깃한 질감을 살렸다. 백령면옥은 물냉면 비빔장과 들기름을 물냉면 육수와 섞어 먹는 반냉면이 가장 인기가 좋다. 어디에도 없는 백령면옥만의 별미다. 착한 가격 또한 호감도 상승의 요인이다.

백령면옥은 백령도에 들어가지 않고도 백령도식 냉면을 맛볼 수 있는 곳으로, 그 맛이 궁금한 사람들에게는 필수 코스다.

백면옥

인천에서 맛보는 서울식 평양냉면

백면옥은 약 6년 전 개업했지만 평양냉면계에서 몇십 년의 내공을 가진 열정 가득한 사장님이 운영하는 식당이다. 요즘 유행하는 평양냉면의 트렌드를 분석하여 대중들이 원하는 풍미와 식감을 극대화했다. 한마디로 육향과 메밀향이 강한 '트렌디한 냉면'이다. 강과 강의 만남이 조화로워서 누구나 거부감 없이맛있게 즐길 수 있다. 몇십 년의 평양냉면 내공이 고스란히 담긴 한 그릇이다.

백면옥이 특별한 점은 그릇에 있다. 대부분 평양냉면 전문점들이 유기그릇과 스테인리스 그릇을 사용하지만 백면옥은 유기그릇에 은을 입힌 고급스러운 은 유기그릇을 사용한다. 최적의 맛을 내는, 식당만의 노하우이기도 하다. 은의 열전도율을 고려하여 최적의 맛을 구현해 낼 수 있는 일종의 테크닉인 셈이다. 백면옥만의 맛을 완성하기 위해 자체 제작하여 사용한다.

은그릇을 얼음물에 담가 온도를 떨어트린 뒤 육수

주소 인천 연수구 먼우금로222번길 41 1층
주요메뉴 냉면(평양물·비빔) 12,000원, 어복쟁반 52,000원, 새싹삼 한우곰탕 11,000원, 한우수육 29,000원, 소불고기전골 12,000원, 평양만두 6알 6,000원, 녹두빈대떡 9,000원, 돼지족발편육 6,000원와 면을 넣고 빠른 시간 내에 고객에게 제공한다. 실제적으로 명확한 장점이 나타나는지 몇 번 더 방문해 봐야 알 것 같지만, 직관적으로 이 고가의 노하우는 대중들에게 백면옥이 수준 높은 식당이라는 이미지를 심어준다.

일반면과 순면 중에서 선택할 수 있어서 나는 순면으로 주문했다. 개인적으로 매우 선호하는 메밀 향이 풍부한 면으로, 제면 상태가 매우 좋았다. 면의 굵기도 상대적으로 얇아 식감 또한 매우 만족스러웠다. 백면옥의 면 식감과 컨디션은 그간 먹어 봤던 면들 중에서 손에 꼽히는 수준이다. 육수도 마찬가지다. 입에 달라붙는 감칠맛과 고기 향이 풍성하게 올라온다. 평양냉면은 밍밍하다는 편견을 날려버리기에 충분하다.

이북 음식 전문점에서 어복쟁반이 빠지면 서운하다. 어복쟁반은 가격 대비 풍성한 재료 구성으로 냉면만큼이나 인기가 좋다. 만두와 녹두전도 수준급이다.

백면옥은 인천에서 서울식 평양냉면을 아주 수준 높게 구현하는 곳이다. 인천 지역 식객들 중 로컬 평양냉면이 입에 맞지 않아 힘들었다면, 백면옥의 서울식 평양냉면을 맛보는 것이 어떨까.

백면옥은 은 유기그릇을 사용한다. 최적의 맛을 내는, 식당만의 노하우이기도 하다. 은의 열전도율을 고려하여 최적의 맛을 구현해 낼 수 있는 일종의 테크닉인 셈이다. 백면옥만의 맛을 완성하기 위해 자체 제작하여 사용한다.

양각도

본점

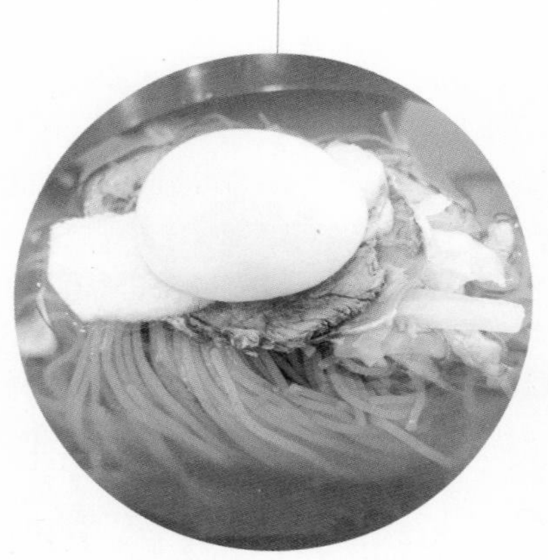

더 커지고 정돈된 신규 업장

주소 경기 고양시 일산동구 호수로 640
주요메뉴 평양냉면·비빔냉면 14,000원, 육개장·굴린만두·장국밥 12,000원, 쟁반냉면 18,000원, 제육·평양불고기 25,000원, 수육 35,000원, 어복쟁반 70,000원

양각도의 육수는 달짝지근하고 은은한 육향이 돈다. 불편하지 않을 정도의 간장 향이 가미되어 있다. 간장을 세심하게 사용해 라이트한 육수를 완성한다. 엄청난 육향이 뿜어져 나오는 육수는 아니지만 누구나 평양냉면을 즐길 수 있는 매력이 있다.

수도권 북서부에서 탄탄한 입지를 굳힌 양각도(본점)가 정발산역 라페스타 인근으로 이전했다. 유동 인구가 많은 곳으로 이전하면서 규모 또한 커져 프랜차이즈 느낌이 물씬 풍기는 업장으로 변모했다. 양각도는 북한 출신 윤선희 셰프가 운영하는 이북 음식 전문점이다. 그녀는 요리 프로그램 <한식대첩3>에 출연하면서 주목을 받았다. 개업 초창기에 굴린 만두와 화려한 고명 플레이팅이 인상적인 옥류관식 쟁반냉면으로 유명세를 탔다. 굴린 만두는 만두소를 동글게 말아 전분으로 투명한 만두피를 살짝 입혀 쪄 낸다. 최근 이 굴린 만두의 조리법을 알아낸 여러 식당들 덕에 이제는 평범한 메뉴가 되었다.

양각도의 육수는 달짝지근하고 은은한 육향이 돈다. 불편하지 않을 정도의 간장 향이 가미되어 있다. 육수에서 간장이 과하게 부각되면 맛의 균형이 깨지면서 일반적으로 알고 있는 평양냉면의 풍미에서 상당히 멀어지게 된다. 양각도는 간장을 세심하게 사용해 라이트한 육수를 완성한다. 엄청난 육향이 뿜어져 나오는 육수는 아니지만 누구나 평양냉면을 즐길 수 있는 매력이 있다.

양각도는 동무밥상과 매우 유사하다는 생각이 든다. 두 식당 모두 탈북민 셰프가 운영하는 식당이라는 공통점이 있고, 냉면의 풍미도 유사한 부분이 많다. 현재의 북한식 냉면을 소개하고 있지 않음에도 불구하고 공통점이 있다는 것이 흥미롭다. 전반적으로 유사한 점이 많지만 각 식당의 매력은 분명 다르다. 육수의 감칠맛과 단맛은 동무밥상이 더 진하고, 은은한 육향의 풍미는 양각도가 한 수 위다. 면은 동무밥상보다 툭툭 끊기는 편이고 메밀 향은 양각도가 더 많이 품고 있다.

양각도는 운영 매뉴얼이 잘 갖춰진 식당이다. 기존의 본점은 물론이고 상암동 직영점을 방문했을 때도 동일한 인상을 받았다. 음식 맛과 상태까지도 기복 없이 일정하다.

동무밥상

달큰한 동치미 냉면 속
톡톡 터지는 들깨알의 향연

주소 경기 고양시 일산동구 고양대로 1032

주요메뉴 북한냉면(평양냉면),비빔냉면, 평양김치메밀국수 12,000원, 평양만둣국 9,000원, 찹쌀순대 13,000원, 어복쟁반 80,000원, 돼지고기수육 25,000원

동무밥상은 옥류관 출신 탈북민 윤종철 셰프가 운영하는 식당이다. 옥류관은 북한을 대표하는 식당으로, 이곳 출신 셰프가 선보이는 이북 음식 전문점이라는 타이틀은 동무밥상 성장의 큰 원동력이었다. 오랜 기간 동안 터를 잡고 운영하던 합정동을 떠나 일산 동구에 새로운 거처를 마련했다.

개인적으로 동무밥상은 개업 시기와 위치 선정이 매우 탁월했다고 생각한다. 평양냉면 붐이 일기 시작할 때 즈음 개업했는데, 탈북민 운영 식당이라는 정체성과 맞물려 마니아들 사이에서는 반드시 가봐야 하는 집으로 소문났다. 게다가 처음 자리 잡은 홍대, 합정 부근 힙스터들이 들락거리며 자연스레 효과적인 바이럴 광고가 됐다. 예전만큼 화제성이 있지는 않지만 사장님과 식당이 미식 프로그램에 간간히 소개되며 꾸준한 인기를 누리고 있다.

옥류관 출신 셰프의 냉면이긴 하나 옥류관 냉면을 그대로 복각하지는 않았다. 현재 대한민국 요식업 트렌드를 파악하고 시장 분위기에 전략적으로 맞춰 현지화된 느낌이 크다. 평냉 마니아들 사이에서는 교대의 '설눈' 또는 일산의 '양각도'와 자주 비교되곤 한다. 탈북민 셰프라는 공통분모 때문이다. 그러나 자세히 들여다보면 극명한 입장 차이가 있다. 설눈은 전통을 복각하여 유지, 계승하는 쪽이고 동무밥상은 현지화된 한국 평양냉면을 선보인다. 달리 이야기하자면, 북한 냉면의 맛을 느껴보고자 방문한 식객들은 서울식으로 정제된 평양냉면에 실망할 수 있다.

동무밥상의 특징은 육수 위에 떠 있는 통 들깨알이다. 냉면 맛에 있어 큰 역할을 하는 것은 아니지만 면을 씹는 중간중간 톡톡 터지는 즐거움을 선사한다. 다른 식당들과는 구별되는 식감과 담음새이다. 면은 메밀 함량이 그리 높지 않아 식감이 미끄러운 편이다. 평양냉면치고 육수의 첫인상이 꽤 자극적이다. 달큰한 동치미 향이 입안에 강하게 퍼졌다가 은은한 고기 향으로 마무리된다. 육향보다는 새콤달콤하게 조미된 동치미가 포인트다. 동무밥상의 냉면은 확고한 기호가 있는 평냉 마니아보다 평냉을 알아가는 식객들에게 추천한다. 동치미 국수를 좋아하시는 분들에게는 더할 나위 없이 맛있는 냉면일 것이다.

동무밥상은 평양냉면 전문점보다는 이북 음식 전문점이란 표현이 더 적절하다. 평양냉면에 대한 관심이 절정인 시기에 알려진 탓에 유독 냉면이 크게 부각됐지만, 실은 냉면보다 다른 메뉴들이 북한식에 더 가깝다. 동무밥상의 찹쌀순대는 한 조각 입에 넣고 씹다 보면 우리가 흔히 먹는 찹쌀순대나 아바이순대와는 또 다른 미식을 경험하게 된다. 찹쌀이 가득 차 있어 일반적인 순대의 색감보다 하얀 편이다. 찹쌀이 많이 들어간 만큼 순대의 쫄깃함은 배가 된다. 일반적인 순대의 절반 정도되는 두께로 얇게 썰어 내는데, 이는 찹쌀의 고소한 맛을 부담 없이 즐길 수 있도록 해 준다. 냉면과 함께 곁들여 먹기에 매우 좋은 메뉴다.

옥류관 출신 셰프의 냉면이긴 하나 옥류관 냉면을 그대로 복각하지는 않았다. 현재 대한민국 요식업 트렌드를 파악하고 시장 분위기에 전략적으로 맞춰 현지화된 느낌이 크다.

경기 북동부

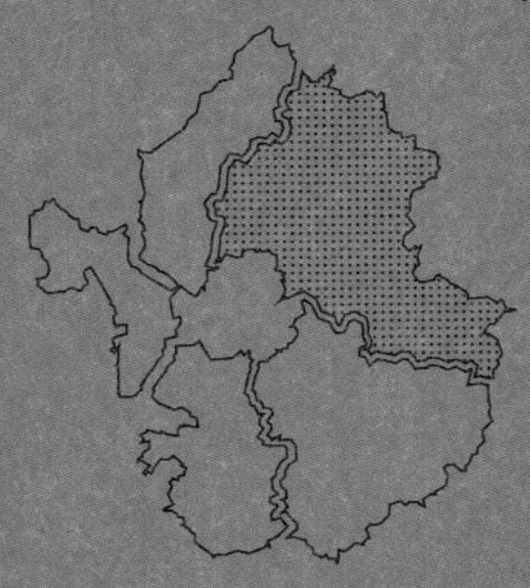

옥천고읍냉면 | 송추 평양면옥 | 평양면옥_의정부 | 광릉한옥점

옥천고읍냉면

성공한 옥천냉면
후발 주자

양평 옥천군은 인천(백령도) 지역과 함께 황해도식 냉면을 필두로 한다. 옥천의 황해도 냉면은 달큰한 육수가 특징으로 인천과는 풍미가 다르다. 황해도 냉면의 기본 틀은 동일하지만 터를 잡은 지역에서 스스로의 독자성을 구축했다.

옥천냉면황해식당은 경기 동부 지역 내에서 황해도식 냉면의 원조라 할 수 있다. 옥천냉면황해식당을 필두로 엇비슷한 냉면집들이 하나둘 생겨났다. 덕분에 지자체에서 홍보할 정도로 규모 있는 냉면마을이 됐다. 이곳에서 선보이는 냉면은 분명 황해도식이지만, 양평 옥천에서만 먹을 수 있는 냉면으로 인식되면서 '옥천냉면'으로 불리게 되었다. 독특한 풍미에 세월이 섞여 지역화에 성공한 케이스다.

옥천냉면 유명세의 일등 공신은 인근 군부대에서 복무한 예비군들이다. 양평과 옥천에는 유독 군부대가 많은데, 군 복무 시절의 소울 푸드를 가족과 지인들에게 널리 전하는 옥천 냉면 전도사의 역할

주소 경기 양평군 옥천면 옥천길98번길 12
주요메뉴 물냉면·비빔냉면 10,000원, 완자·편육 22,000원,
완자+편육 반반 22,000원, 완자1/2 11,000원

을 했다. 일종의 카더라에 가까운 이야기이기는 하나 나름의 신빙성이 있다.

옥천식 황해도 냉면은 일반적인 평양냉면의 육수와는 다르게 돼지고기 육수를 베이스로 한다. 달큰하고 입에 착 달라붙는 감칠맛이 특징이며 시원하고 청량감이 느껴진다. 굵직하고 풍부한 육향을 선호하는 사람들에게는 조금 당황스러울 수 있다. 면은 굵은 편으로 메밀 함량이 낮고 감자전분을 적절히 섞어 식감이 쫄깃하다. 면의 굵기와 식감으로 볼 때 냉면계의 쫄면으로 봐도 무방하다.

옥천고읍냉면은 원조격인 옥천냉면황해식당과 더불어 가장 인지도 있는 집 중 하나다. 후발 주자로서 인지도와 맛 평가에서 후한 점수를 받는 식당이다. 작은 업장에서 몇 년 전 새 건물로 이전했다. 옥천냉면황해식당보다 달큰한 감칠맛과 면의 찰기가 더 강하다.

옥천냉면 유명세의 일등 공신은 인근 군부대에서 복무한 예비군들이다. 양평과 옥천에는 유독 군부대가 많은데, 군대 시절 소울 푸드를 가족과 지인들에게 널리 전하는 옥천 냉면 전도사의 역할을 했다.

이 집은 고기완자를 반드시 함께 먹어야 한다. 냉면과 제육의 궁합만큼 완자와의 궁합도 두말할 나위 없이 좋다. 냉면은 먹지 않아도 고기완자는 반드시 먹어야 한다는 사람도 많다. 노릇하게 구워진 고기완자의 기름 냄새는 명절의 푸근함을 떠올리게 한다. 냉면에 비해 완자는 가격대가 있으나 완자, 편육의 반반 메뉴와 함께 각 메뉴의 1/2 메뉴도 운영하고 있으니 부담스러운 분들은 반 메뉴를 시켜 맛보는 것을 추천한다.

송추 평양면옥

**경기권에서 맛볼 수 있는
찐 평냉면**

주소 경기 양주시 장흥면 호국로 615 평양면옥

주요메뉴 평냉면·비빔냉면 13,000원, 녹두지짐 11,000원, 만둣국 12,000원, 어복쟁반 대50,000 중40,000원, 제육 24,000원, 돼지고기무침·닭고기무침 18,000원

서울 경기권에서 정통 꿩냉면을 맛보기란 쉽지 않다. 꿩냉면으로 가장 유명한 숯골원의 꿩냉면은 멀찍이 떨어진 대전에 자리 잡고 있다. 수도권에서는 일산의 옥류담과 송추 평양면옥이 거의 전부라고 보면 된다. 전국적으로도 귀한 음식이지만 온갖 맛집들이 모여 있는 서울 경기권만을 놓고 볼 때에도 여간 귀한 음식이 아닐 수 없다.

경기도 양주 장흥면에 자리 잡은 송추 평양면옥은 꿩의 풍미를 느끼고 싶은 이들에게 단비와 같은 존재다. 원래는 송추 IC에서 내려와 대로변 5분 거리에 자리 잡은 대형 체인 송추가마골 본점 옆에 있었으나 최근에 인근에 새로 지은 사옥으로 확장 이전했다. 기존 자리에는 만포면옥(북한산) 본점이 들어와 리모델링 후 새롭게 영업을 시작했다. 내가 방문했던 평일에는 한산했으나 주말에는 미식가들로 인산인해를 이룰 것으로 예상된다. 미식의 대명사 '식객'의 허영만 선생님을 시작으로 '맛' 하면 떠오르는 분들이 꿩냉면을 맛보기 위해 한 번씩은 이미 방문했다.

송추평양면옥에 대해 궁금한 게 많던 찰나에 사장님과 몇 마디 대화를 주고받을 기회가 생겼다. 제일 궁금했던 것은 육수를 낼 때 꿩 이외에 닭이나 소고기의 사용 여부였는데, 오로지 꿩만 쓴다는 명쾌한 대답이 돌아왔다. 명백한 꿩 육수다. 다른 고기를 같이 우려내면 맛이 달라진다는 것이다. 동치미 비율에 대한 물음에도 '우리는 동치미 안 쓴다'

송추
제한속도 30km

평양면옥

라는 대답이 돌아왔다. 친절하게 설명해 주셨지만 꽤나 단호했다. 이제는 흔히 접할 수 없는 꿩냉면을 만드는 사장님의 자부심이 엿보였다.
고기 육수를 사용하는 서울식 평양냉면에 익숙한 사람들은 의아하겠지만, 꿩은 과거 평양냉면 육수를 우릴 때 흔히 사용하던 식재료다. 지금은 귀한 재료가 되었지만 풍족하지 못하던 시절에는 소와 돼지보다 경제적이고 수급이 쉬워 흔히 사용되었다. 꿩만으로 우려낸 육수의 감칠맛은 그야말로 폭발적이다. 조미가 되어 있는 부분을 감안한다 해도 감칠맛의 정도가 소와 돼지로 우려낸 육수와는 비교가 안 된다. 입안 가득 달큰한 맛이 맴도는 육수는 과장을 조금 보태면 입에 쩍쩍 달라붙는다. 육수를 넘긴 후 뒷맛에서는 함흥 물냉면의 육수 맛이 느껴진다. 개인적으로는 매우 신선한 느낌이었지만, 육고기 베이스의 평양냉면을 주로 접했던 사람들에게는 호불호가 갈릴 듯하다. 면 역시 일반적인 서울식 평양냉면과는 조금 다르다. 찰기가 강하고, 경동시장(제기동) 평양냉면처럼 쿱쿱한 풍미가 올라온다. 강한 육수 덕에 쿱쿱함은 희석되고 면은 씹으면 씹을수록 구수한 곡향이 느껴진다. 새로운 건물로 이전 후 음식의 감칠맛과 단맛이 다소 감소한 느낌이 들었는데 이러한 부분도 참고하면 좋을 듯하다.

송추평양면옥은 꿩이라는 식재료의 특수성과 평양냉면의 다양성 두 마리의 토끼를 잡은 귀하디 귀한 곳이다. 꿩냉면으로 전국적 명성이 높은 숯골원 꿩냉면의 육수(꿩+닭+동치미)와 순수한 꿩만으로 우려낸 육수의 차이점을 느껴 본다면 송추평양면옥을 즐기는 또 다른 방법이 될 것이다.

송추평양면옥에 대해 제일 궁금했던 것은 육수를 낼 때 꿩 이외에 닭이나 소고기의 사용 여부였는데, 오로지 꿩만 쓴다는 명쾌한 대답이 돌아왔다. 명백한 꿩 육수다. 동치미 비율에 대한 물음에도 '우리는 동치미 안 쓴다'라는 대답이 돌아왔다. 친절하게 설명해 주셨지만 꽤나 단호했다.

평양면옥

의정부

의정부 계열의 원류,
대한민국 평양냉면의 대표

주소 경기 의정부시 평화로439번길 7

영업시간 11:00~20:00(매주 화요일 휴무/명절 휴무)

주요메뉴 냉면(물·비빔) 11,000원, 만둣국 10,000원, 접시만두 10,000원, 돼지고기 수육18,000원, 소고기수육 22,000원

평양면옥은 평양냉면 마니아들에게는 성지이자 대한민국 평양냉면 씬의 원조격이다. 역사적 의미는 물론이거니와 냉면의 맛 자체로도 매우 중요한 곳이다. 평양면옥은 대한민국 평양냉면의 역사를 짚어 볼 때 계파의 시작점이 된다. 분단 이후 평양냉면 '계파'는 크게 의정부와 장충동 두 줄기로 나뉘었다. 평양냉면을 이야기할 때 반드시 거론되는 의정부평양면옥과 장충동평양면옥이 두 계파를 대표하는 곳이다. '이북 출신 1세대 조리장'의 레시피를 그대로 전수받아 최대한 같은 맛을 구현했고 그들의 영향력이 강해지면서 자연스럽게 계파가 형성되었다. 계파에 속해 있는 식당 90% 이상은 1세대 조리장의 직계 가족들이 운영하고 있다. 식당에 고용되어 레시피를 사사받은 조리사들(직계 가족이 아닌)이 새로운 업장을 탄생시키고 그 곳의 레시피 그대로 냉면을 만드는 경우도 왕왕 있다. 그러나 계파 분류에 있어 혈연의 정통성을 중요시하는 사람들은 이 식당들은 인정하지 않고 '그 외'로 분류하는 경우가 더러 있지만, 대부분은 풍미가 비슷하면 동일 계파로 분류시킨다. 이와는 조금 다르지만 봉피양의 경우, 우래옥에서 파생되었으나 맛과 스타일자체가 다르기 때문에 봉피양을 '우래옥 계열'이라 칭하지는 않는다.

서울식 평양냉면의 중심지라고 할 수 있는 중구에는 을지면옥(폐업)과 필동면옥이 자리 잡고 있다. 이 두 곳은 서울 내에서 냉면 인지도로 치면 다섯 손가락 안에 항상 포함되는 곳이다. 미슐랭 패치 역시 해가 지날수록 늘어간다. 두 곳 모두 의정부평양면옥에 뿌리를 둔 의정부 계열이다. 세 집은

평양면옥

소소한 디테일에는 차이가 있지만 8할 이상 모양도 맛도 동일하다. 결국 계파 형성의 핵심은 혈연보다는 냉면 레시피의 아이덴티티다.

식당 내부로 들어서면 오래된 도끼다시 바닥이 눈길을 사로잡는다. 도끼다시 바닥은 내가 생각하는 맛집 기준 중 하나다. 경기도 지정 '2대 대물림 향토음식점' 인증 패치도 눈에 들어온다. 직계 가족 대물림 식당이 가진 오랜 역사를 증명한다.
냉면을 받아들고 한참을 보고 있자니 을지면옥과 필동면옥의 냉면이 자연스럽게 따오른다. 면을 풀지 않고 육수를 마신다. 송송 띄운 파 고명과 함께 의정부 계열 특유의 풍부한 육향이 입으로 들어온다. 맛을 보아도 을지면옥과 필동면옥 느낌 그대로다. 의정부 계열 냉면을 본점에서 맛보는 느낌은 꽤 감동적이다. 을지나 필동을 포함하여 의정부 계열의 시작을 담고 있는 오리지널 육수는 특별했다. 이번에는 면을 풀어 곡향을 입히고 다시 한번 육수를 마신다. 면을 말아 올려 입으로 넣고 잠시 흠칫했다. 제면 상태가 너무 좋다. 과하지도 부족하지도 않은 최적의 상태였다. 단단하고 적당히 끊어지는 식감과 굵직한 곡향을 품은 면은 고급진 육수와 함께 최고의 궁합을 보여준다.

의정부 계열의 오리지널 육수를 맛본다는 것은 정말이지 감개무량하다. 평냉 마니아라면 누구나 동의할 것이다. 맛에 대한 분석을 떠나 누구나 한 번쯤은 맛봐야 하는 집이다. 의정부 계열의 모든 것이 이곳에서 시작됐다는 사실 하나만으로도 방문할 이유는 충분하다.

송송 띄운 파 고명과 함께 의정부 계열 특유의 풍부한 육향이 입으로 들어온다. 의정부 계열 냉면을 본점에서 맛보는 느낌은 꽤 감동적이다. 을지나 필동을 포함하여 의정부 계열의 시작을 담고 있는 오리지널 육수는 특별했다.

광릉한옥점

입안가득 펼쳐지는 메밀메밀 대잔치

엄밀히 말하면 광릉한옥점은 불고기 전문 식당이다. 유명 체인 광릉불고기와 비슷하지만 광릉한옥점에는 메밀 쌈과 평양냉면, 비빔막국수, 온면메밀 등 다양한 메밀 면 메뉴가 있다. 메밀 쌈은 흔히 나오는 상추쌈 대신 메밀전병이 나온다고 생각하면 된다.

불고기 메밀 쌈이 시그니처 메뉴지만 평양냉면의 평이 무척 좋다. 육수를 들이켜 보니 소문대로 완성도가 높다. 메밀 음식 전문점답게 제면 상태 또한 흠 잡을 데 없이 훌륭하다. 풍부하게 올라오는 메밀 향과 함께 적당히 툭툭 끊기는 순면의 느낌이 매우 잘 살아 있다. 과하지 않게 올라오는 육수의 육향 또한 메밀 면과 무척 잘 어울린다. 독특한 점이라면 육수 끝맛이 꽤 매콤하다. 고춧가루의 매콤함이 아닌 청양고추의 칼칼함에 가깝다.

메밀 쌈은 머릿속으로 이미지만 그려 보아도 맛있음이 터져 나온다. 구수한 한국식 메밀 월남쌈이라

주소 경기 남양주시 진접읍 광릉내로 36

주요메뉴 평양냉면 14,000원, 비빔막국수, 메밀온면 12,000원, 돼지숯불고기메밀쌈 15,000원, 소숯불고기메밀쌈 26,000원

고 할 수 있다. 싸 먹는 식재료의 가짓수가 월남쌈보다 적지만 우리 입맛에 익숙한 불고기의 감칠맛과 메밀의 곡향이 부족한 가짓수를 대신한다. 절임류의 밑반찬과 샐러드 드레싱 등 세세한 부분까지 어느 것 하나 흠 잡을 데가 없다. 거의 매년 블루리본 서베이 패치가 붙는 데는 다 이유가 있다. 한결같이 주방에서 면을 뽑고 고기를 준비하시는 파마머리의 이모님들만 봐도 연륜에서 뿜어져 나오는 찐맛집의 묵직한 아우라를 느낄 수 있다. 넉넉한 인심 또한 '혜자스러움' 그 이상이었다. 동행자들과 1인 1메뉴에 고기와 메밀 쌈을 주문했는데 사장님께서 주문서를 확인하시곤 주문량을 줄여 주셨다. 기본적으로 양이 꽤 많아서 다 먹기 힘들다는 이유였다. 그럼에도 결국 남길 만큼 풍부한 양이었고, 착한 가격까지 매력이 끝도 없다.

광릉한옥점은 젊은 세대부터 연세 많으신 어르신까지 메밀을 통해 세대 통합을 이룰 수 있다. 메밀쌈의 유니크함과 평균 이상의 냉면, 그리고 고기 메뉴의 조합. 삼박자가 어우러진 색다른 경험을 위해서라면 먼 길 다녀올 만하다.

한결같이 주방에서 면을 뽑고 고기를 준비하시는 파마머리의 이모님들만 봐도 연륜에서 뿜어져 나오는 찐맛집의 묵직한 아우라를 느낄 수 있다. 넉넉한 인심 또한 '혜자스러움' 그 이상이었다.

경기 남서부

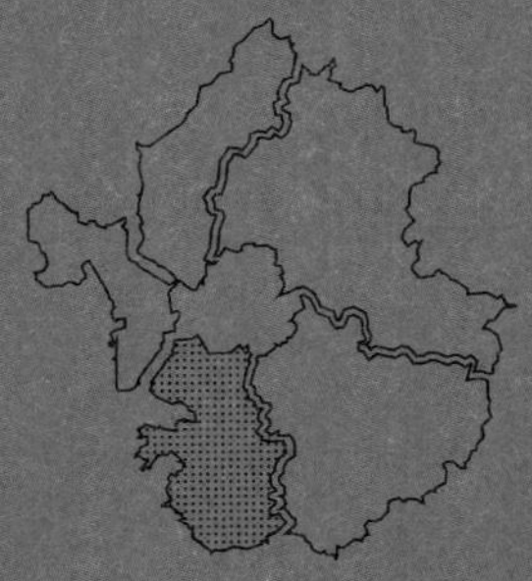

평양일미_광교본점 | 평양면옥 | 평장원_본점 | 관악관 | 봉가진면옥
정인면옥평양냉면 | 고복수평양냉면 | 평양냉면_평택 | 시랑면옥

평양일미

광교본점

**최적화된 분석으로
대중에게 사랑받는
노희영의 평양냉면**

주소 경기 수원시 영통구 광교호수공원로 80 앨리웨이광교 어라운드라이프 3층
주요메뉴 평양냉면(물·비빔),평양손만두 13,000원, 일미곰탕·흑미 떡만둣국·녹두전 14,000원, 평안도 손만두전골 41,000원, 어복쟁반(중) 73,000원

평양일미는 마켓오의 신화로 잘 알려진 요리 연구가 '노희영'이 런칭한 식당으로, 개업 초기부터 엄청난 이슈를 몰고 왔다. 시장 분석의 달인으로 통하는 창업자의 전반적인 스토리를 알고 있기에 방문 전 어떤 스타일의 냉면일까 상상해 보았는데, 막상 방문해 보니 생각한 것과 비슷했다.

평양냉면을 접해 보지 않은 사람이라도 누구나 맛있게 먹을 수 있는 평균 이상의 맛이다. 감칠맛이 입에 퍼지는 육수와 고급진 고기 향, 그리고 기분 좋은 끊김을 선사하는 메밀의 합. 삼박자가 조화를 이룬 결과물은 철저한 분석과 벤치마킹의 결과일 것이다.

우래옥과 의정부 평양면옥만큼 독자적인 풍미는 아니지만 진한 육수를 추구하는 유명한 식당들의 장점을 고루 뽑아 대중들이 좋아하는 최적의 맛을 구현했다. 철저한 고증과 분석을 통한 노영희의 성공 방정식에 의하면 어떤 음식과 장르를 런칭하더라도 최소 중박 이상은 보장되겠다는 생각이 든다.

음식뿐만 아니라 식당의 인테리어와 식기도 평양일미를 돋보이게 하는 데 한몫한다. 요식업 전략가의 클라스가 느껴진다. 식당의 시그니처가 된 냉면 그릇과 평양일미의 폰트, 그리고 디테일하게 표현된 실내 장식들은 북한 음식점의 정체성이 잘 표현되어 있다. 요식업 전략가의 클라스가 느껴진다.

평양냉면은 '이북출신 창업자'라는 타이틀과 '창업 시기'가 마케팅에서 매우 중요한 역할을 한다. 이 두 가지만으로도 신뢰도가 급상승하기 때문이다. 스마트해진 고객들은 음식의 맛뿐만 아니라 디테일한 스토리텔링을 중요하게 여기며 브랜드를

소비하고 평가한다. 이러한 부분들은 신생업체들이 노력으로 확보할 수 있는 것은 아니지만 잘 다듬어진 시각적 요소들을 활용하여 상쇄시킬 수 있다. 소위 말하는 '요식업계의 큰손'은 브랜딩의 시각적 중요성을 누구보다 잘 알고 있다. 평양일미는 역사와 정통성이 없는 신생 업체지만 북한 음식이 떠오를 만한 시각적 요소들을 잘 배치하여 북한 음식 전문점이라는 인식을 아주 효과적으로 심어주고 있다. 첫 시작을 수원 광교에 자리 잡은 것이 조금 의외지만 청담에 2호점을 개업할 정도로 반응이 좋았고 지금도 역시 그렇다. 새로 개업을 준비하는 사장님들은 반드시 벤치마킹해야 할 1순위 업장이다. 식당이 맛으로만 성공을 논하는 시대는 지난 지 이미 오래다.

소위 말하는 '요식업계의 큰손'은 브랜딩의 시각적 중요성을 누구보다 잘 알고 있다. 평양일미는 신생 업체지만 북한 음식이 떠오를 만한 시각적 요소들을 잘 배치하여 북한 음식 전문점이라는 인식을 아주 효과적으로 심어주고 있다.

평양면옥

구 팔달면옥

평양냉면의 틀을 벗어난 독특한 풍미

평양면옥은 수원의 웅장한 팔달문 근처에 있는 노포다. 식당 외관부터 범상치 않은 기운을 풍긴다. 이곳은 일반적인 느낌과는 사뭇 다른 스타일의 냉면을 제공한다. 육안으로만 봐도 탁도 높은 육수와 매끄럽고 짙은 색감의 면발. 일반적인 맑은 평양냉면과는 상당히 거리가 있다. 맛 역시 일반적인 평양냉면과는 다른 점을 찾아볼 수 있다.

육향과 동치미의 맛 대신 달큰한 감칠맛과 한약재의 맛과 향이 올라온다. 달큰한 맛은 감초와 매우 유사하고, 여러 가지 약재와 약초들이 포함된 느낌이다. 분명 흔치 않은 육수다. 큰 틀에서 구분하면 평양냉면 육수는 크게 세 가지로 나뉜다. 첫째는 고기 육수이고, 둘째는 고기 육수에 동치미를 섞는 경우, 마지막으로 동치미 육수로만 맛을 낸 경우로 구분된다. 이 집은 고기 육수이긴 하나, 풍미 자체는 어디에도 속하지 않는 별개의 부류다. 독특한 풍미가 강해 육수의 종류까지 정확히 파악할 수 없지만 메뉴에 국내산 육우를 사용한다고 적혀 있는 것으로 보아 소고기 육수가 포함되는 듯하다. 독

주소 경기 수원시 팔달구 정조로788번길 5
주요메뉴 물냉면·비빔냉면 12,000원, 제육·불고기 30,000, 진곰탕 9,000원, 녹두전 12,000원, 메밀전·떡만두국 10,000원

특한 정도를 설명하기 위해 굳이 비교 대상을 꼽아 보자면, 부원면옥의 달큰한 육수에 한약재를 넣은 느낌 정도로 표현할 수 있겠다.
양평 옥천이나 평택의 냉면들처럼 지역별로 공통적인 풍미가 있는 경우가 많다. 평양면옥의 경우, 수원을 대표하는 대원옥, 평장원 등과 두드러진 교집합이 없으므로 독특한 맛의 특징을 지역색으로 이해하기는 무리가 있다.

면은 메밀의 거친 느낌보다는 매끄러운 식감이다. 적당히 전분이 섞였지만 끊김의 느낌은 나쁘지 않다. 면과 육수의 조화도 육수가 면의 곡향을 품기에는 상대적으로 강한 느낌이 든다. 이것이 식당이 추구하는 정체성인 것으로 풀이할 수 있다.
'아, 이런 풍미의 평양냉면도 있구나'라는 느낌으로 색다름을 느껴 보고 싶은 식객이나 도장 깨기 등 평양냉면에 대한 시각을 넓히는 목적에 매우 부합하는 냉면으로, 즐거움을 줄 수 있는 곳이다. 처음 평양냉면을 접하는 분들보다는 다양한 평양냉면을 접해본 스펙트럼이 넓은 식객들에게 추천한다.

육향과 동치미의 맛 대신 달큰한 감칠맛과
한약재의 맛과 향이 올라온다.
달큰한 맛은 감초와 매우 유사하고,
여러 가지 약재와 약초들이 포함된 느낌이다.
분명 흔치 않은 육수다.

평장원

본점

평장원
하나 더 추가요

수원 인계동에 평장원이 하나 더 생겼다. 이제 막 2년 차로 접어든 신생 업장이다. 기존의 구천동 평장원이 분점 개념으로 평장원 남문점이 되었고 인계동에 새로 생긴 곳이 본점으로 운영된다. 특이하게도 신규 업장이 본점이 된 상황이다. 오픈한 지 몇 개월 지나지 않아 블루리본 서베이 패치를 획득했다.
불과 2년 전까지만 하더라도 평장원은 지금의 남문점 하나만 존재했다. 수원 로컬식당으로 지역민들에게 인기 있었던 명보칼국수가 평장원이라는 이름으로 바꾸고 이북 음식을 메뉴에 넣어 새 단장을 시작했고 얼마 지나지 않아 큰 건물을 마련해 본점으로 꾸렸다.

오래 전, 평장원 남문점의 리뷰 제목을 '수원의 축복'이라고 작성했다. 수준 높은 풍미를 경험한 터라 새로운 업장에 대한 기대 또한 컸다. 꽤 괜찮은 냉면이라는 사실에는 변함이 없지만 과거의 평장원과는 전혀 다른 스타일의 냉면이다. 연관성이 없는 별개의 업장으로 봐도 무방할 만큼 맛이 다르

주소 경기 수원시 팔달구 인계로 108번길23 (BYC골목)
주요메뉴 평양냉면·비빔냉면·만두·만둣국·육개장 10,000원, 회냉면·녹두전, 12,000원, 수육/수육반 28,000원/15,000원, 한우불고기 23,000원

다. 걸쭉하고 투명한 육수는 탁도가 높아졌고, 육향과 간의 세기에도 큰 변화가 있다. 면 역시 이전보다 찰기가 더해진 느낌이다. 장충동 계열과 흡사하게 변형되었다. 어느 정도 차이는 있지만 육수의 풍미나 간의 세기 역시 장충독 평양면옥을 떠올리게 한다. 당연히 기존 평장원 평양냉면의 풍미를 그리워하는 고객들도 있으리라 생각한다. 하지만 분위기가 달라진 것을 제외하고 냉면의 퀄리티만으로 본다면 과거의 평장원 냉면만큼 대중들이 좋아할 만한 요소들을 가지고 있다.

본점 오픈 초기 남문점과 메뉴의 통일이 이루어지지 않았다. 아마도 그 시기에는 남문점의 맛은 본점과 어느 정도 차이가 있었을 것으로 예상된다. 현재는 두 업장 모두 자리가 잡힌 상태로, 메뉴를 통일하여 안정적으로 운영하고 있다. 본점을 24시간 운영하는 것 또한 평냉 마니아들에게는 엄청난 메리트다.

수원 인계동에 평장원이 하나 더 생겼다.
기존의 구천동 평장원이 분점 개념으로
평장원 남문점이 되었고 인계동에
새로 생긴 곳이 본점으로 운영된다.
오픈한 지 몇 개월 지나지 않아
블루리본 서베이 패치를 획득했다.

관악관

**어쩔 수 없이
남포면옥과 비교되지만
전혀 다른 곳**

이름에서 알 수 있듯이 관악산 인근에 있는 평양냉면 전문점이다. 관악산은 서울과 경기를 나누는 기준이 되는 산으로 서울 쪽 관악산 반대편에는 안양이 자리 잡고 있다. 관악관은 서울이 아닌 안양 종합운동장 근처에 위치한다. 봉가진면옥과 함께 안양 평양냉면의 역사를 함께 써 내려가고 있다.

소위 '냉면 끈 좀 길다' 하는 식객들 중 관악관을 궁금해 하는 사람들이 꽤 있다. 동치미 평양냉면으로 유명한 중구 남포면옥과 인연이 깊기 때문이다.

1963년 관악관 창업자는 서울 무교동에 남포집이라는 이름으로 장사를 시작했다. 장사가 잘 되자 5년 후 평안면옥이라는 새로운 이름으로 종로 4가에 재개업을 했고, 현재 위치에서는 남포면옥이라는 이름으로 근 10년간 식당을 운영했다. 식당 운영이 안정되자 지금의 남포면옥 사장에게 식당을 인계하고, 1986년 안양으로 옮겨 와 관악관을 개업했다. 관악관의 태생을 입증이라도 하듯 식당 입구에는 오래 전 사용했던 남포면옥 사기그릇이 진열되어 있다.

주소 경기 안양시 동안구 평촌대로 367
주요메뉴 평양냉면·비빔냉면 13,000원, 관악불고기 27,000원, 제육 19,000원, 어복쟁반 80,000원, 수육 33,000원, 손만두 9,000원

대중성을 기준으로 보면 마니악한 남포면옥 냉면보다 관악관 냉면의 선호도가 높을 듯하다.

그래서 남포면옥을 좋아하는 분들에게 관악관은 특별한 식당이지만 냉면 스타일은 연결성이 전무하다. 남포면옥의 쩽하고 칼칼한 육수를 생각하고 방문한다면 조금 당황할 수 있다.

냉면의 담음새는 고추실채를 올려주기 전 서경도락(논현점, 폐업) 냉면과 매우 흡사하다. 한우, 돼지, 닭을 넣어 우린 육수에 동치미를 섞어 감칠맛을 살렸다. 풍부하지만 과하지 않게 간이 배어 있고 육향이 제법 많이 올라온다. 혼합 면을 사용하며 메밀 함량이 80% 가량 된다. 튀지 않고 차분한 면발이다. 여기까지만 봐도 동치미 맛이 강한 남포면옥의 냉면과는 아예 다른 부류다. 대중성을 기준으로 보면 마니악한 남포면옥 냉면보다 관악관 냉면의 선호도가 높을 듯하다.

만두는 이북식보다는 일반적인 손만두에 가깝다. 담백함을 강조하는 이북식과는 달리 고기 향이 뿜어져 나오는 맛이라 오히려 대중들에게는 더 익숙한 풍미다. 관악관은 불고기가 매우 유명한 집인데 냉면보다 불고기를 먹으러 오는 가족 단위의 손님들이 더 많아 보인다.

관악관은 안양, 평촌, 안산 권역에서 퀄리티가 좋고 흠잡을 데 없는 냉면을 제공하는 업장임은 분명하다. 하지만 역사적인 부분을 고려할 때 오래된 내공을 가진 업장의 오리지널리티는 다소 부족해 보인다. 풍미로만 보면 오히려 주목할 만한 2~3세대 평양냉면에 가깝다.

봉가진면옥

안양 권역
평양냉면 터줏대감

봉가진면옥은 농심 둥지냉면 개발 자문으로 참여했던 사장님이 운영하는 식당으로 알려지면서 유명세를 탔다. 안양 종합운동장을 사이에 두고 안양 지역을 대표하는 봉가진면옥과 관악관 두 집이 자리하고 있는데 사장님의 유명세 덕에 봉가진면옥의 선호도가 더 높은 편이다.

내가 방문한 날은 공교롭게도 비가 내리는 궂은 날씨였다. 제면 상태에 대한 기대를 어느 정도 접고 들어갔지만 예상 외로 면 상태가 매우 좋았다. 순면이 아닌 일반 면으로 주문했다. 일반 면임에도 메밀 함량이 상대적으로 무척 높아 보인다. 음식이 나오는 시간이 생각보다 꽤 오래걸렸는데, 어느 정도 반죽을 미리 해 놓는 식당들과 달리 주문 후 반죽부터 시작하여 제면의 모든 과정이 이루어지는 것이 아닐까 추측해 본다. 거친 질감의 얇은 면이고 곡향이 충분히 올라오는 개인적으로 매우 좋아하는 스타일의 면이다.

육수는 고기 육수보다 동치미의 비율이 높은 편으

주소 경기 안양시 동안구 평촌대로427번길 27
주요메뉴 평양냉면·비빔냉면·온면 12,000원, 만두국 12,000원, 대왕만두 10,000원, 녹두빈대떡 13,000원, 어복쟁반 79,000원, 수육 중 23,000원, 제육 중12,000원

면과 육수가 따로 놀지 않고 잘 섞인 밸런스 좋은 냉면이다. 냉면의 양도 무척 혜자스럽다. 면과 육수는 물론이고 양지와 사태 고명이 아낌없이 들어가 있다.

로, 간간하게 육향이 올라오지만 무겁지 않고 라이트하다. 고기 육수의 묵직함보다 개운하고 깔끔한 맛의 육수다. 컨디션 좋은 면과 육수가 따로 놀지 않고 잘 섞인 밸런스 좋은 냉면이다. 냉면의 양도 무척 혜자스럽다. 면과 육수는 물론이고 양지와 사태 고명이 아낌없이 들어가 있다. 사이드 메뉴인 만두는 두부, 고기, 숙주를 넣은 이북식 만두에 들기름을 더 해 고소함이 풍부하다. 부추가 많이 들어가는 것도 특징이다. 한입 베어 물면 입으로 치고 들어오는 들기름 향은 누구나 좋아할 만한 맛이다.

안양 인근에서 평양냉면이 먹고 싶다면 주저하지 말고 안양 종합운동장으로 가자. 진한 고기 육수와 찰진 면을 원한다면 관악관으로, 깨끗한 느낌의 동치미 육수와 은은한 곡향을 품은 면을 원한다면 봉가진면옥을 선택하시라.

정인면옥평양냉면

정인면옥의 시작을 느껴보고 싶다면

정인면옥은 체계화된 브랜드로 성장해 여의도에 안착했다. 운영 전반의 초석을 다진 광명에서의 활약이 있었기에 가능한 일이었다. 정인면옥을 떠올리면 여의도 본점보다 경기도 광명에 있는 정인면옥평양냉면이 먼저 생각나는 것도 이러한 이유에서다.

정인면옥의 역사적 뿌리는 평양면옥(오류동)으로 거슬러 올라가지만 실제적인 출발은 이곳, 정인면옥평양냉면이다. 정인면옥과 정인면옥평양냉면의 운영 방식이 너무 다르다 보니, 정인면옥을 여의도 본점으로 처음 알게 된 식객들은 그저 동일한 상호를 사용할 뿐 서로 무관한 식당으로 인식하는 것도 무리가 아니다. 프랜차이즈라고 해도 믿을 만큼 깔끔한 현대식 식당과 골목 노포의 상반된 분위기는 정인면옥이라는 상호를 함께 나누고 있는 식당의 뒷이야기를 모른다면 정리되지 않는 것이 당연하다. 본질적으로 정인면옥평양냉면은 정인면옥과 뗄 수 없는 관계지만 여러 내부적인 상황과 상표권 등 운영 주체가 확실히 분리된 듯 보인다.

주소 경기 광명시 목감로268번길 27-1
주요메뉴 물냉면·비빔냉면·들기름메밀면·육개장·들깨메밀칼국수 10,000원, 녹두전 7,000원, 차돌박이수육 대 30,000원 소 16,000원

**정인면옥의 실제적인 출발은 이곳,
정인면옥평양냉면이다.
정인면옥평양냉면은 새롭게 브랜딩 한
정인면옥의 아이덴티티와 콘셉트를 따르지
않고 정인면옥의 첫 출발 모습 그대로를
유지하고 있다.**

몇 년 전만 하더라도 경기 남서부권에는 평양냉면 전문 식당들이 그리 많지 않았다. 여의도로 이전하기 전의 광명 정인면옥에 대중들이 큰 관심을 보인 데에는 이러한 이유도 있으리라 추측해 본다. 물론 음식의 수준이 보장돼야 가능한 일이다.

정인면옥평양냉면은 새롭게 브랜딩 한 정인면옥의 아이덴티티와 콘셉트를 따르지 않고 정인면옥의 첫 출발 모습 그대로를 유지하고 있다.

메뉴에서도 차이를 보인다. 육수의 풍미와 면 스타일은 정인면옥과 거의 흡사하지만, 정인면옥평양냉면의 냉면이 조금 더 투박한 느낌이 든다. 같은 계열임을 감안하여 평양면옥(오류동), 정인면옥 본점과 분점들을 비교해 보면 재미있다. 담음새와 면의 식감이 차분하게 정돈된 정도가 정인면옥 본점과 분점, 정인면옥평양냉면, 평양면옥(오류동) 순이다. 깔끔한 신규 식당과 투박하지만 정겨운 노포를 분위기에 따라 선택하여 방문하는 것도 쏠쏠한 재미가 있다.

정인면옥평양냉면을 방문한다면 녹두전을 잊지 마시라. 서너 개의 삼겹살 조각이 올라가 있는데 정인면옥의 본점과 분점들보다 유독 얇고 바삭해 식감이 일품이다.

고복수평양냉면

**고박사=고복례=고복수,
다 같은 집인 거 아시죠?**

고복수평양냉면은 경기 남서부 지역을 대표하는 전통 평양냉면 전문점이다. 3대째 이어져 내려오는 식당답게 정부에서 인증한 '백년 가게 대물림 식당' 인증 패치가 붙어있다. 자타 공인 평택의 대표 맛집되겠다.

'고복수'는 고복례, 고박사의 현재 진행형 상호다. 1910년 평안북도 강계의 '중앙면옥'이 고복수 평양냉면의 시작이다. 창업자의 아들이 조리법을 계승해 1973년 평택역 인근 명동 골목에 고박사평양냉면을 개업했다. 평택 주민들에게는 오랜 시간 함께 했던 이 '고박사'라는 상호가 더 친숙하다. 식당을 체계적으로 성장시키며 사업을 확장하는 과정에서 상호 문제로 인해 고복례(현 사장님의 누나) 평양냉면을 거쳐 고복수 평양냉면으로 변경되었다. 현재 고복수 사장이 자신의 이름을 걸고 운영 중이다.

역시 경기 남서부 지역의 대표 냉면답게 육향보다는 입에 착착 감기는 감칠맛과 단맛이 풍성하다.

주소 경기 평택시 조개터로1번길 71
주요메뉴 평양물냉면·비빔냉면 12,000원, 물·비빔 반반냉면 14,000원,
가오리회냉면 15,000원, 만두 빈대떡 세트 32,000원

경기 남서부 지역의 대표 냉면답게 육향보다는 입에 착착 감기는 감칠맛과 단맛이 풍성하다.
지역색이 강하게 묻어있는 육수다.
면은 메밀의 풍미를 강조하기보다는 육수와 면의 조화에 초점이 맞춰져 있다.

지역색이 강하게 묻어있는 육수다. 면은 다소 두꺼운 편이고 찰기가 강하다. 메밀의 풍미를 강조하기보다는 육수와 면의 조화에 초점이 맞춰져 있다. 역사를 간직하고 있는 전통의 냉면답게 전체적인 풍미와 식감이 만족스럽다. 서울식 평양냉면을 선호하는 사람들에게는 당황스러울 수 있으나 오히려 평양냉면 입문자들에게 이 집 냉면의 감칠맛은 친근하게 느껴질 것이다.
이 집은 떡갈비로도 유명하다. 저 멀리 고복수평양냉면 간판이 보이는 순간부터 숯불에 구운 고기 향 가득한 연기가 우리를 맞이한다. 단품 메뉴보다 2인 세트 메뉴의 가성비가 좋아 혼자 냉면만 먹으면 손해라고 자주 오가는 사람들이 입 모아 말한다. 둘 이상 방문한다면 필히 세트 메뉴를 공략해야 이득이다.

평양냉면

평택

평양냉면과 소바 사이, 그 어디쯤

30년 이상의 공력과 레시피로 충성 고객을 보유한 식당이다. 평택 중심지에서 차로 20분 정도 떨어진 한적한 마을에 자리 잡고 있다. 큰 기대 없이 문을 열었는데 식당 안에 생각보다 많은 사람들이 있어 놀랐다.

이 집 냉면을 정의하자면 지역색과 새로움이다. 육수에서 느껴지는 감칠맛과 단맛은 평택과 안성을 비롯한 경기 남서부 지역의 평양냉면 공식에 부합한다. 고명으로 올려 낸 고추채 또한 지역색을 반영한다. 문제는 새로움이다. 육수에서 어디서도 느껴 보지 못한 맛이 나는데, 평양냉면이라 하기에는 메밀 소바 맛이 나고 그렇다고 메밀 소바라 하기에는 너무도 평양냉면이다. 사장님 스스로 '우리는 전통적인 평양냉면이 아니다'라고 말한다. 처음 맛보는 청량하고 개운한 맛이 신선한 경험을 선사한다. 고기 육수와 동치미 비율의 차이를 넘어 레시피의 독특함으로 확실한 정체성을 보여준다. 면은 메밀 함량이 낮아 뚝뚝 끊기지 않고 쫀쫀하며 소바를 닮은 육수와 잘 어울린다. 육수와 면 각각

주소 경기 평택시 팽성읍 송화택지로25번길 20
주요메뉴 물냉면·비빔냉면 10,000원,
왕만두(고기·김치) 6개 8,000원, 수육 35,000원~45,000원

의 퀄리티도 중요하지만 그보다 둘의 궁합이 더 중요하다는 것을 다시 한번 체감한다.

사장님께 궁금한 것들을 이것저것 물어보았다. 소바 육수의 풍미가 느껴지는데 가쓰오부시 같은 훈연 재료가 들어가냐는 물음에 그렇지 않다고 하셨다. 식당의 노하우라는 말에 더 깊이 물을 수 없었다. 면의 풍미도 일반적인 평양냉면의 메밀 면과는 다소 차이가 있어 제면에 대한 부분도 이야기를 듣고 싶어 여쭤 보니, 3년 전 까지 중국산 메밀을 쓰다가 원하는 풍미가 나오지 않아 북한산 메밀로 바꿨다고 한다. 단가는 높지만 확실히 메밀의 풍미가 풍성하게 올라가 예전보다 맛이 좋다는 평을 많이 듣는다고 한다.

평택 중심지로부터 떨어진 외지에 있어 접근성이 다소 애매하지만 색다른 평양냉면을 느껴보고 싶다면 반드시 방문해야 할 곳이다. 당신의 평양냉면 다양성을 넓혀줄 것이다. 서울이 아닌 지방에서 평양냉면이라는 대명사를 상호명으로 사용하고 있는 점이 다소 아쉽다. 너무도 정직한 상호명 때문에 온라인에서 찾기가 생각보다 쉽지 않다.

어디서도 느껴 보지 못한 맛이 나는데, 평양냉면이라 하기에는 메밀 소바 맛이 나고 그렇다고 메밀 소바라 하기에는 너무도 평양냉면이다.

시랑면옥

**응?
육수 선택도 가능?**

우래옥을 시작으로 약 40년 내공을 가진 사장님이 운영하는 신규 아닌 신규 업장이다. 개업한 지는 이제 갓 3년이 됐다. 안산 월피동 시낭운동장 사거리에 있다. 접근성이 그리 좋은 편은 아니지만, 냉면 육수와 면을 선택할 수 있어 옵션에 따른 비교와 경험을 원하는 식객들은 필수 방문 코스라고 할 수 있다.

시랑면옥에서는 '고기 육수+동치미'와 '고기 육수'를 선택할 수 있다. 일반 면 또는 순면을 선택할 수 있는 곳은 많지만, 육수를 고를 수 있는 식당은 흔치 않다. 평양냉면 육수의 기본이라 할 수 있는 '고기 육수+동치미'와 트렌디한 '고기 육수'를 각각 제공하여 평양냉면의 정통성과 대중성을 모두 잡으려는 이 집만의 '한 끗'이다.

외관상 육수의 탁도는 별 차이 없지만 풍성한 고기향이 올라오는 육수와, 동치미의 청량함이 섞인 육수는 처음 접하는 사람들도 쉽게 알아챌 수 있다. 입을 대는 순간 확인 가능한 '조미료 무첨가'(혹은 극소량 첨가) 냉면이기도 하다. 덕분에 감칠맛은

주소 경기 안산시 상록구 시낭로39
주요메뉴 평양물냉면·평양비빔냉면 12,000원, 순면 15,000원, 파불고기 14,000원, 돼지수육 18,000원, 한우수육 35,000원, 한우곰탕 14,000원

상대적으로 덜하지만 그만큼 또렷한 재료 본연의 풍미를 입안 가득 느낄 수 있다. 단, 처음 접하는 사람들에게는 밍밍한 냉면으로 기억될 수 있다. 면 또한 일반 면과 순면 중에서 선택해 주문할 수 있다. 식감 좋은 얇은 면을 제공한다. 순면은 곡향이 풍부하게 올라오는 편은 아니지만 간이 세지 않은 육수와 잘 어우러진다. 컨디션 매우 좋은 순면을 받았다. 덜 익히지도, 그렇다고 퍼지지도 않고 딱 좋은 식감이다. 그날의 편차를 감안한다 해도 기본적인 제면 기술이 좋은 식당이다. 냉면의 양 또한 무척 혜자스럽다.

평양냉면 육수의 기본이라 할 수 있는 '고기 육수+동치미'와 트렌디한 '고기 육수'를 선택할 수 있다. 일반 면 또는 순면을 선택할 수 있는 곳은 많지만, 육수를 고를 수 있는 식당은 흔치 않다. 육수 선택은 평양냉면의 정통성과 대중성을 모두 잡으려는 이 집만의 '한 끗'이다.

경기 남동부

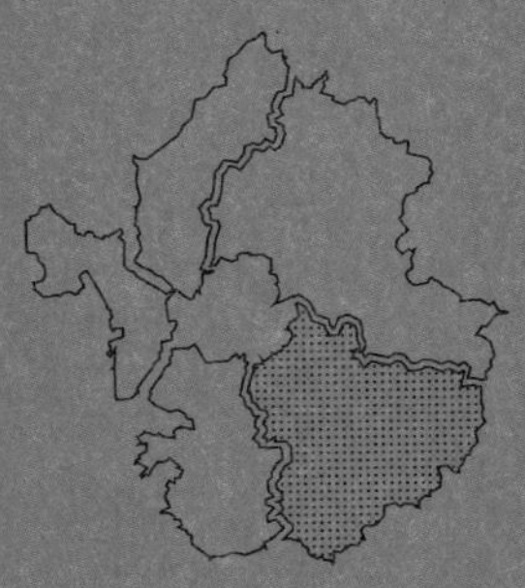

능라도_본점 | 평가옥_분당점 | 성일면옥 | 수래옥 | 윤밀원 | 장원막국수_서현점
유경식당 | 기성면옥 | 고기리막국수 | 교동면옥 | 장안면옥_안성본점

능라도

본점

2세대
평양냉면의 수장

주소 경기 성남시 분당구 산운로32번길 12
주요메뉴 평양냉면·비빔면·온면 15,000원, 접시만두 13,000원, 수제순대 25,000원, 어복쟁반(대/중) 110,000원/80,000원, 녹두지짐이 20,000원, 수육 50,000원, 제육 32,000원

6·25전쟁 이후 서울 경기권을 중심으로 견고히 자리 잡은 전통 강호들의 명성은 감히 범접할 수 없는 분위기였으나, 2010년 전후로 대선배들의 아성을 넘보는 후발 주자들이 속속 등장했다.

2세대라 불리는 신흥 세력들은 기본적으로 음식의 맛과 함께 오래된 식당의 취약 부분이었던 위생과 친절한 서비스를 영리하게 탑재하였고 대중적인 경쟁력을 높여 1세대들과의 확실한 차별화에 성공했다. 여러 2세대들이 있지만, 서판교에 자리 잡은 능라도(본점)는 거침없는 평양냉면 2세대들의 활약에 포문을 연 대장 격 식당이다. 근 10년 새 을밀대와 함께 가장 많은 분점을 오픈했다.

평양냉면은 접근하기 어려운 음식이라는 학습된 인식이 존재한다. 낯선 것에 대한 일종의 공포감 때문인데, 능라도는 이러한 거리감을 좁히는 데 큰 공을 세웠다. 홍보를 하지 않는, 아니 홍보가 필요 없는 1세 업장들과는 달리 적극적인 바이럴로 트렌드에 민감한 젊은 층을 포섭했다. 뉴욕 타임스퀘어에 홍보물을 띄울 만큼 대중들에게 다가가고자 노력한 점은 분명 높이 살 만하다.

이제는 많은 식당에서 차용하여 보편화된 유기그릇과 각 맞춰 정갈하게 올려진 계란채 지단의 미니멀한 플레이팅은 능라도의 시그니처다. 물론 유기그릇과 정갈한 계란채 지단은 능라도 이전에도 존재했지만, 능라도의 파급력은 부정할 수 없다.

능라도에 영향을 받은 식당들은 사진으로만 봐도 쉽게 알아차릴 수 있을 정도의 확고한 시각적 정체성을 구축하였다.

가장 중요한 부분은 음식의 맛이다. 능라도는 대중과 마니아의 입맛을 두루 아우를 수 있는 포괄적인 맛을 제공한다. 현재의 능라도를 만든 주요 성공 요소이기도 하다. 1세대 평양냉면의 특징인 녹진하고 고기 향 가득한 서울식 육수 공식을 지키며 그 틀에서 크게 벗어나지 않지만, 어느 특정 계열의 맛을 따라하지 않고 능라도만의 독자성을 구축해 나갔다. 오히려 이러한 부분은 대중들에게 신선함을 어필하는 기회가 됐다. 고객들에게 익숙한 기준 내에서 차별화를 둔다는 것이 여간 어려운 것이 아닐 텐데, 능라도는 이러한 부분에서 2세대 평양냉면을 대표해 큰 업적을 세웠다.

평양냉면을 처음 먹어 보는데 어떤 식당을 가면 좋을지 물어 보는 사람들이 많다. 이럴 때 주저 없이 골라 주는 식당 중 한 곳이 바로 능라도다. 냉면뿐만 아니라 사이드 메뉴인 수제순대와 만두 또한 냉면과 함께 먹기 흠잡을 데 없이 완벽하다. 수제 순대는 능라도에서 꽤 인기 있는 사이드 메뉴다. 고급화된 순대 메뉴로 광화문국밥의 피순대와 견줄 만하다. 광화문국밥의 피순대가 많은 양의 선지를 사용해 농후한 맛이라면, 능라도의 수제 순대는 찹쌀을 넣어 입에 달라붙는 쫀득한 식감이 특징이다. 만두는 평양식으로 과하지 않은 고기 향과 넉넉한 숙주 덕에 담백하다. 쑥갓의 풍미가 살아 있는 어복쟁반 또한 능라도의 인기 메뉴다. 가격이 착하다고 할 수는 없지만 질 좋은 한우의 다양한 부위가 고루고루 있어 여러 부위의 맛을 즐길 수 있다.

서판교에 자리 잡은 능라도는 거침없는 평양냉면 2세대들의 활약에 포문을 연 대장 격 식당이다.

평가옥

분당점

소리 없이 유명한 전통의 강자

평가옥은 분당 정자동을 중심으로 서울 경기권에 11개의 분점을 거느린 대규모 이북 식당 전문점이다. 규모 면에서 프랜차이즈로 보이지만 3대째 이어져 온 유서 깊은 식당이다. 종로, 을지로의 평냉 터줏대감들에 비해 인지도가 덜 하지만 누구나 한 번쯤은 들어 봤을 법한 곳으로 대중적 입지가 넓은 편이다.

평가옥 냉면의 가장 큰 특징은 화려한 고명이다. 소, 돼지, 닭으로 구성된 고기 올스타가 총출동한다. 푸짐한 양은 아니지만 고기 종류에 따른 맛의 차이를 비교해 보기에 이보다 더 좋은 조건이 없다. 고기 고명 중에서 닭 가슴살만 고춧가루 양념이 되어 있다.

이 집 육수를 놓고 꿩 육수인지 닭 육수인지 의견이 분분하다. 결론부터 말하자면, 과거에는 꿩 육수였지만 현재는 닭 육수 베이스에 소와 돼지 육수를 섞는다. 닭은 여러 고기를 사용한 혼합 육수를 만들 때 꿩과 가장 유사한 맛을 낸다. 게다가 가격

주소 경기 성남시 분당구 느티로 51번길 9

주요메뉴 평양냉면 13,000원 온반·만둣국 (소고기) 12,000원, 온반·만둣국(토종닭) 13,000원, 녹두지짐 15,000원, 접시만두 11,000원, 어복쟁반 소 68,000원, 만두전골 25,000원, 불고기32,000원

이 저렴하고 수급이 쉽다. 이런 이유로 평가옥 역시 꿩을 대신해 닭을 사용하고 있다.

과거에는 실제로 꿩 육수를 사용했다는 점과 현재는 꿩 육수의 풍미와 유사하다는 이유 때문에 대전의 숯골원 냉면과 자주 비교되곤 한다. 대중들의 입장에서는 점점 귀해지는 꿩이라는 식재료에 큰 연관성을 두는 듯하다.

서울 경기권에서 꿩 육수를 맛볼 수 있는 곳은 두세 손가락 안에 꼽힐 정도로 귀할뿐더러, 닭 육수로 꿩의 풍미를 효과적으로 대체한 것 자체로도 평가옥은 진가를 발휘한다. 육수가 진하고 감칠맛이 강하며 호불호가 크게 갈리는 편이다. 면은 곡향을 진하게 풍기고 찰기가 있다. 녹두전은 특이하게 길다란 돼지비계를 넣어 이 집만의 시각적 차별화를 두었다. 평가옥은 어복쟁반으로도 유명한데, 고기 수육에 만두와 육전을 올려 푸짐함을 더한다.

이 집 육수를 놓고 꿩 육수인지 닭 육수인지 의견이 분분하다. 결론부터 말하자면, 과거에는 꿩 육수였지만 현재는 닭 육수 베이스에 소와 돼지 육수를 섞는다.

성일면옥

강동구에서
판교로!

주소 경기 성남시 분당구 동판교로52번길 10

주요메뉴 평양물냉면·평양비빔냉면·차돌양지탕·이북식손만두국 13,000원, 소고기초무침 22,000원, 반접시 12,000원, 간장양념수육 22,000원, 반접시 12,000원, 불고기 25,000원, 녹두빈대떡 12,000원

강동구청 앞에 있던 성일면옥이 판교로 이전했다. 기존 건물이 재개발되면서 새로운 거처를 마련하게 되었다. 많은 어려움이 있었겠지만 적어도 나의 시각에서는 전화위복의 느낌이다. 최근 분당으로 평양냉면 식당들이 하나둘 모여들고 있다. 맛집이 포진해 있는 분당 권역에서 평양냉면 식당들이 수월하게 자리 잡았으면 하는 바람이다.

판교로 이전하기 전에 성일면옥을 방문했을 때, 평양냉면을 처음 접하는 사람을 데려가기 괜찮은 집이라고 생각했다. 냉면뿐 아니라 닭 무침 같은 사이드 메뉴가 다양하고 맛있기 때문이었는데, 짧지 않은 기간 사이에 메뉴들에 더 내공이 실렸다. 특히 냉면의 풍미가 식당의 정체성을 뚜렷하게 드러낼 수 있을 만큼 정돈되었다.

개업 초반에는 한입 머금으면 바로 입안에 육향이 퍼지는 직설적인 육수였다면 지금은 은은하고 진득한 끝맛에 힘이 실렸다. 고기 향도 훨씬 강해졌다. 기승전결이 확실한 육향의 흐름이 홍대입구의 평안도상원냉면과 유사하다. 혼합 면임에도 불구하고 메밀 함량이 꽤 높아 순면의 식감이 느껴진다. 예전에 비해 무절임 고명의 간이 약해졌고 백김치 고명이 빠져 플레이팅이 단출해졌다. 오히려 냉면의 밸런스는 더욱 좋아져 전체적인 퀄리티가 높아졌다. 역시 평양냉면은 과유불급보다는 비움의 음식이다.

기본 찬(맛보기)으로 나오는 고기 무침류는 때때로 변경된다. 닭 무침이나, 소고기 무침이 나오는데 양념 베이스는 거의 동일한 느낌이다. 이미지로 볼 때 상상되는 새콤달콤한 맛에서 크게 벗어나지

않는다. 사이드로 주문한 간장 양념 수육 반 접시는 그 양에 비해 가격이 상당하다. 비슷한 소고기 메뉴와 동일한 가격임을 감안하면 손이 무척 많이 가는 메뉴라고 볼 수 있다. 일본 라멘의 차슈와 매우 유사한 느낌이지만, 간장에 매우 특별한 노하우가 담겨 있다. 간장 향이 입안을 가득 채우고 감칠맛보다는 담백함을 부각시켰다.

성일면옥은 식당의 역사적인 부분이 제대로 입증되지 않아 아쉬움이 남는다. 대부분의 고객들은 쉽게 지나칠 수 있지만, 평양냉면의 역사를 아카이빙하는 식객들에게 업장의 역사적 규명은 숙명일 수밖에 없다. 성일면옥은 1946년 평양에서 시작해 인사동을 거쳐 업장을 이어오고 있다. 1세대 평양냉면으로 봐도 무방한 세월이지만 이를 증빙할 수 있는 근거가 부족해 2세대 또는 2.5세대 신생 업장 정도로 인식된다. 인천의 경인면옥처럼 역사를 증명할 수 있는 과거 기사나 사진 등을 대중들에게 소개하면 어떨까. 효과적인 마케팅이 될 뿐만 아니라 대중들이 성일면옥을 인식하는 범주가 확연히 달라질 것이다.

개업 초반에는 입안에 육향이 퍼지는 직설적인 육수였다면 지금은 은은하고 진득한 끝맛에 힘이 실렸다. 무절임 고명의 간이 약해졌고 백김치 고명이 빠져 플레이팅이 단출해졌다. 오히려 냉면의 밸런스는 더욱 좋아졌다. 역시 평양냉면은 과유불급보다는 비움의 음식이다.

수래옥

**우래옥인 듯 우래옥 아닌
우래옥 같은 냉면**

갑작스러운 폐업으로 아쉬움을 남긴 우래옥 강남점의 구성원들이 판교에 새롭게 오픈한 식당이다. 엄연히 다른 식당이지만 태생적으로 우래옥과 교집합이 많을 수밖에 없기에 구석구석 둘러보는 재미가 쏠쏠하다.
식당의 이름과 로고부터 전체적인 메뉴 구성, 인테리어까지 전반적으로 우래옥이 연상된다. 현대화된 우래옥 느낌이랄까. 사기그릇에 담긴 냉면의 모습마저 우래옥과의 연관성이 짙게 묻어 있다. 송송 뿌려져 있는 쪽파 고명을 제외하면 쉽사리 구분해낼 수 없을 정도로 닮았다.

개인적으로 우래옥 냉면을 평양냉면 일 순위로 꼽는다. 비교가 불가한 독보적인 고기 육수 때문이다. 한우 암소만을 사용하여 우려낸 육수의 풍미도 우래옥과 결을 같이하지만, 녹진함의 정도에서 다소 차이를 보인다. 간간하고 깔끔하다. 묵직한 우래옥 육수를 기대하고 방문하는 식객들은 다소 차이점을 느낄 수 있으니 참고하자. 면은 우래옥의 면이 찰기가 더 강하다.

주소 경기 성남시 분당구 대왕판교로 275
주요메뉴 전통평양냉면·전통비빔냉면·김치말이냉면·전통온면·육개장 16,000원, 불고기160g 37,000원

판교라는 지역적 특성 때문에 메뉴들의 기본 가격이 높지만 수준 높은 맛에 대한 입소문 나면서 고객들이 늘 북적인다. 개업 3년이 채 안된 신생 업장이라 최근까지 맛의 편차가 꽤 있었지만, 점차 안정화되며 수래옥만의 풍미를 고객들에게 전달하고 있다. 평이 점점 좋아지는 업장으로 발전 가능성이 매우 크다.

아, 그리고 크게 상관없는 이야기 하나! 갑작스레 우래옥 강남점이 폐점하게 된 이유 중 하나는 외국계열 자동차 회사에서 오래전부터 식당 터를 눈여겨보고 있었는데, 적정 합의점에 이르러 정리를 한 것이라는 이야기를 사장님께서 슬쩍 건네주셨다. 더 자세한 내용까지는 알 수 없으나 조만간 강남 우래옥 터에서는 외제차 전시장을 보게 되지 않을까…….

갑작스러운 폐업으로 아쉬움을 남긴 우래옥 강남점의 구성원들이 판교에 새롭게 오픈한 식당이다. 평이 점점 좋아지는 업장으로 발전 가능성이 매우 크다.

윤밀원

후한 인심만큼 더 커진 업장

주소 경기 성남시 분당구 백현로 154 1층

주요메뉴 평양냉면(물)·양곰탕 13,000원, 막국수(비빔)·매운양지칼국수 12,000원, 족발 47,000원, 양무침 29,000원

윤밀원은 족발 전문점이다. 분당에서 인지도가 높은 족발 전문점 '김씨부엌'에서 런칭했다. 약 10년간 정자동에서 큰 인기를 구가했는데 최근 새롭게 확장 이전했다. 이전 업장에서는 회전율이 좋지 못한 족발집의 특성상 작은 홀과 꽤 긴 저녁 시간 웨이팅 때문에 식사를 포기하고 발길을 돌리는 경우가 많았다. 확장 이전 대기 시간이 조금은 줄어들 것으로 예상했으나 넓어진 홀 크기만큼 고객들이 몰려 비슷한 상황이다.

시그니처 메뉴는 족발이지만 평양냉면을 비롯하여 양 무침과 막국수 등 다양한 메뉴들이 있다. 양 무침은 말린 레몬 껍질과 핑크페퍼를 첨가하여 라이트한 샐러드 느낌을 살렸다. 족발과 함께 시그니처로 선보여도 될 만큼 일품이다. 양은 거부감이 있을 수 있는 특수 부위인데, 누구나 편히 즐길 수 있도록 재해석되었다. 개인적으로 족발보다 양 무침을 맛봐야 이 집의 진가를 알 수 있다고 생각한다.

후한 인심을 자랑하는 평양냉면의 고명은 초창기나 지금이나 변함이 없다. 초등학생 손바닥만 한 굵고 두꺼운 고기 고명을 올려낸다. 상황에 따라 양지와 사태가 바뀌는 경우가 있지만 풍족한 양에는 변함이 없다. 사리 인심마저 후해 냉면 양이 상당히 많은 편이다.

한우 양지로만 우려낸 고기 육수를 사용한다. 육수 컨디션이 좋지 못한 날 가끔 군내를 느끼기도 했는데 편차를 제외하고서라도 그윽한 육수의 풍미가 이전보다 더해진 부분은 꽤 인상적이다. 꼬들한 면과 곡향은 이전 스타일에서 크게 달라지지 않았다. 육수로 인해 냉면이 한 단계 업그레이드된 느낌이다.

윤밀원에서 냉면은 족발에 곁들여 먹는 사이드 메뉴라는 느낌이 강하다. 식당 입장에서 중요도가 덜한 메뉴일 수 있지만, 윤밀원 냉면을 족발보다 선호하는 고객 또한 상당수라는 점은 운영진들이 반드시 알아주었으면 한다.

후한 인심을 자랑하는 평양냉면의 고명은 초창기나 지금이나 변함이 없다.
초등학생 손바닥만 한 굵고 두꺼운 고기 고명을 올려낸다.
사리 인심마저 후해 냉면 양이 상당히 많은 편이다.

장원막국수

서현점

차가운 설렁탕에 메밀 면을 말아먹는 듯한 부드러움

장원막국수 서현점은 분점 중에서 본점(강원도 홍천)의 풍미를 가장 잘 구현하는 곳이다. 용인 고기리막국수가 고기리 장원막국수라는 상호로 운영되던 시절에 자주 방문했다. 두 업장이 서로 멀지 않은 곳에 있었고 장원막국수라는 타이틀을 공유하는 각 업장 분위기와 차이점을 확인하고 싶었다.

뽀얗게 우려낸 불투명한 육수는 차갑게 식힌 설렁탕이 아닌가 싶을 정도로 부드럽고 순수하다. 염도가 그리 높지 않아 싱거운 편인데, 오히려 입에 퍼지는 육향을 느끼기에 좋은 조건이다. 육수를 목으로 다 넘길 때 즈음 느껴지는 칼칼하고 깔끔한 끝맛이 매력적이다. 정갈함을 배가시키는 일종의 장치랄까. 이 집의 가장 큰 매력은 햇메밀로 만든 막국수를 맛볼 수 있다는 점이다. 햇메밀은 겨울이 제철이다. 겨울 음식인 평양냉면과 뿌리가 크게 다르지 않은 막국수의 계절인 것이다. 일본의 소바 마니아들도 햇메밀철을 손꼽아 기다린다. 늦가을에 수확한 햇메밀로 제면을 하면 좀 더 초록빛이 들고 향긋한 메밀 특유의 향이 진하게 느껴진다.

주소 경기 성남시 분당구 황새울로319번길 8-4 1층

주요메뉴 들기름막국수·비빔막국수·물막국수·냉소바·온막국수·사골막국수 10,000원, 녹두전 1장 6,000원, 접시만두 대12,000원/소6,000원, 돼지수육 30,000원, 반15,000원

또한, 묵은 메밀에 비해 찰기가 있어 전분을 거의 섞지 않아도 면을 뽑을 수 있다. 장원막국수 서현점은 매해 돌아오는 메밀 철마다 햇메밀의 입고 소식과 메뉴 개시를 알린다. 고객들과 신뢰감을 형성하려는 업장의 노력이자 음식에 대한 고집, 자부심이다.

장원막국수 분당점은 가성비가 좋다. 코로나 이후 식재료와 식당 메뉴 가격이 상당히 상승했음을 감안했을 때 만 원 안팎의 메뉴들을 제공한다는 사실이 놀랍다. 손이 많이 가고 단가가 높은 순면이라는 점에서 더 그러하다. 장원막국수라는 타이틀을 달고 있는 업장은 기본적으로 일체의 전분이나 밀가루 없이 100% 메밀로 제면한 순면을 제공하는 곳이고 수준 높은 면을 맛볼 수 있다고 생각하면 된다. 역시 조용하고 우직한 식당이다.
인근에 거주하거나 수도권에서 강원도 홍천의 장원막국수를 느껴 보고 싶은 분들에게 이곳을 추천한다.

장원막국수 서현점은 매해 돌아오는 메밀 철마다 햇메밀의 입고 소식과 메뉴 개시를 알린다. 고객들과 신뢰감을 형성하려는 업장의 노력이자 음식에 대한 고집, 자부심이다.

유경식당

절제미가 있는 고깃집 평양냉면

유경식당은 성남 위례지구가 활성화되던 시기에 오벨리스크 건물에 입점했다. 멀티플렉스 극장이 있어 평일 저녁과 주말에는 외식과 여가 시간을 즐기는 가족 단위 고객들이 몰린다.
아무런 정보 없이 평양냉면 메뉴의 유무만 확인하고 방문했다. 막상 도착해 보니 냉면 전문점이라기보다 전문 고깃집이었다. 방이동의 봉피양이나 한아람처럼 고기 메뉴가 메인이지만 수준급 평양냉면을 제공해 냉면 단일 메뉴만으로도 유명한 집이 더러 있다. 유경식당도 그런 경우지만, 테이블을 둘러보면 고기 요리를 즐기는 손님들이 대부분인 것으로 보아 아직까지는 면 요리보다 고깃집 이미지가 더 큰 듯하다.

평양냉면 마니아들 입장에서 전문 고깃집의 평양냉면은 봉피양이나 한아람같이 특별한 경우가 아니라면 대체적으로 기대에 못 미치는 경험이 많아 회의적일 수밖에 없다. 유경식당 냉면 또한 식객들의 기준에 따라 호불호가 존재하겠지만, 전반적으로 준수한 냉면을 제공한다. 절제미가 있어 풍미가

주소 경기 성남시 수정구 위례광장로 104
주요메뉴 평양·비빔냉면 12,000원, 골동냉면 13,000원, 숙성 삼겹살 170g 17,000원, 수제 돼지갈비300g 18,000원, 이베리코 황제살 150g 18,000원

한쪽으로 쏠리지 않고 과하지도 부족하지도 않는다. 면의 식감도 꽤 잘 어울리는 편으로 면과 육수가 따로 놀지 않도록 연구한 흔적이 엿보인다.

여러가지 평을 미루어 볼 때 메뉴 상태의 편차가 있다. 컨디션의 기복이 꽤 존재하는 듯하다. 다행히 내가 방문한 날은 메뉴의 상태가 좋았는데, 이러한 부분에서 어느 정도 개선되는 모습을 보인다면, 냉면 단일 메뉴로도 대중들의 호감도는 더 올라갈 것이다. 냉면 메뉴만 따로 떼어 업장을 꾸려도 부족함 없는 봉피양, 한아람 등과의 비교는 무리가 있겠지만, 전반적으로 긍정적인 요소가 많은 업장이라 소개하고 싶은 마음이 컸다.

당귀를 개인적으로 좋아하는데 함께 곁들여 나오는 당귀 짱아찌가 너무 괜찮아 두세 번 더 리필해 먹었다. 당귀 좋아하는 고객들에게는 최고의 찬일 거라 생각하지만 세세한 찬의 구성은 상황에 따라 변화가 있을 수 있다. 여러 이유로 평양 냉면이 유명한 고깃집들의 방문이 부담된 부분이 많다면 유경식당의 메뉴들을 경험해 보는 것도 좋은 대안일 것이다.

절제미가 있어 풍미가 한쪽으로 쏠리지 않고 과하지도 부족하지도 않는다. 면의 식감도 꽤 잘 어울리는 편으로 면과 육수가 따로 놀지 않도록 연구한 흔적이 엿보인다.

기성면옥

자부심으로 똘똘 뭉친 용인 대표 평양냉면

기성면옥은 경기 남동부권역의 2세대 업장으로 뚝심 있게 한곳에서 꽤 오랜 시간 자리를 지켜오고 있다. 아파트 단지 입구에 자리 잡은 마을 식당이지만, 이곳 평양냉면은 마니아들 사이에서도 개업 초기부터 입소문이 날 정도로 유명했다. 이제는 마니아들뿐만 아니라 지역 주민들이 함께하는 정겨운 로컬 식당 분위기까지 더해져 2세대 업장 중에서 제법 선배 느낌을 풍긴다.

개업 초 새로운 평양냉면 식당이 생겼다는 정보를 입수하고 방문했는데, 진득하고 깨끗한 육수 맛에 큰 감동을 받았다. 그때의 기억이 지금껏 이어져 간간히 발걸음을 향하게 한다. 시간이 지날수록 냉면 맛이 향상되면서도 정체성을 잃지 않고 있다. 꾸준히 대중들에게 만족감을 주고 좋은 평이 유지되는 비결이다.

요즘에는 육향이 강한 곳들이 많아져 기성면옥의 육수가 상대적으로 간간하게 느껴질 수 있다. 그러나 잔잔함 뒤에는 또렷한 기성면옥만의 풍미를 품

주소 경기 용인시 수지구 심곡로 87 B201, 202호
주요메뉴 피양·비빔냉면 13,000원, 왕만두 5,000원,
떡갈비 18,000원, 돼지수육 18,000원, 소고기수육 27,000원

고 있다. 고기 향과 함께 깨끗하게 마무리되는 끝맛은 기성면옥만의 레시피인 과일, 야채 육수의 느낌일 것이라 추측한다. 선이 굵은 육향은 아니지만 야채 육수의 느낌이 가려지지 않을 정도의 육향이 입안에 은은하게 퍼진다. 유행을 따라 무턱대고 강한 육향을 지향했다면 이렇게 괜찮은 밸런스의 육수를 맛보지 못했을 것이다.

면 위에 다소곳이 올려진 계란, 배, 양지편육, 무절임 등의 고명 역시 육수의 맛을 흐리지 않을 정도로 적당한 선을 지키며 간간함을 유지한다. 오이절임이나 무절임 등의 고명이 너무 짜거나 시큼하면 냉면의 전체적인 분위기를 망치기 십상인데, 기성면옥은 이러한 부분까지 인지하고 있다는 것이 명확히 느껴진다.
너무 매끈하지 않고 적당한 질감이 살아 있는 면은 시각적으로도 완성도 높은 풍미가 느껴진다. 곡향 역시 은은하게 풍겨 과하지 않다. 육수의 풍미를 해치지 않고 자연스럽게 섞여 전체적인 냉면의 느낌을 살린다.
떡만두와 설렁탕 등의 메뉴도 인기가 좋다. 메뉴가 다양해 고르는 재미가 있는데, 전반적으로 음식의 편차가 적다. 아파트 단지에 자리 잡고 있는 지역적 특성을 반영해 가격대마저 합리적이다.

기성면옥 냉면은 간간한 냉면에 속해 호불호가 갈릴 확률이 높다. 하지만 분명한 것은 먹을 때는 몰랐는데 집에 와서 계속 생각이 나는 냉면이다. 자신도 모르는 사이, 좋은 음식에 천천히 몸이 반응하는 과정일 것이다.

이제는 마니아들뿐만 아니라 지역 주민들이 함께하는 정겨운 로컬 식당 분위기까지 더해져 2세대 업장 중에서 제법 선배 느낌을 풍긴다.

고기리막국수

**정갈함 뒤에 숨어 있는
묵직한 한 방**

주소 경기 용인시 수지구 이종무로 157

주요메뉴 원조 들기름막국수·물막국수, 비빔막국수 10,000원, 추가 막국수(물·비빔) 5,000원
겨울별미 동치미막국수(겨울메뉴) 12,000원, 여름별미열무김치막국수(여름메뉴) 12,000원, 수육 소 15,000원, 중 23,000원

고기리막국수는 들기름막국수 대중화의 주역이다. 면을 좋아하는 식객이라면 한 번 쯤 이름을 들어봤을 것이다. 수많은 맛집 방송에 소개되었고 이름만 대면 알 수 있는 국민 식품 회사와의 협업으로 고기리막국수의 상호를 제품명으로 한 인스턴트 제품을 출시하기도 했다. 맛집의 성공 요건을 고루 충족한 업장이라 할 수 있겠다. 주말에는 평균 2시간 이상 대기는 기본이고, 평일에도 엄청난 웨이팅을 자랑한다. 어린이날 놀이동산에서나 볼 법한 긴 대기 줄이다. 온라인상에서는 그저 먹어봤다는 사실 자체가 자랑거리가 될 정도의 인기를 구가한다.

들기름 막국수에 가려졌지만 모든 메뉴가 평균치 이상의 만족감을 선사한다. 특히 물막국수의 완성도는 현재 유명세를 타고 있는 평양냉면 집들과 비교해도 손색없을 정도다. 오히려 더 높은 만족감을 주기 충분한 식감과 풍미를 제공한다. 물 막국수로 표기되어 있지만 사실 물 막국수와 평양냉면은 구분이 무의미할 정도로 모호한 구석이 많아 평양냉면으로 이해해도 무방하다. 고기리막국수의 물 막국수는 평양냉면의 특징을 모두 품고 있다. 식당 이모님들도 물 막국수가 평양냉면이라고 설명하신다.

시각적으로 전달되는 정갈하고 깔끔한 플레이팅과 육수의 투명함 때문에 깔끔하고 간간한 느낌이라고 생각할 수 있으나 일단 맛을 보면 묵직하고 선이 굵은 육향이 입안에 훅 퍼진다. 묵직한 한 방을 가진 무게감 있는 스타일이다. 생김새와 다른 반전 매력을 드러낸다.

기본적으로 순면을 제공하는데, 면 자체가 수준이 높다. 장원막국수(고기리막국수의 원 상호가 고기리 장원막국수이다.)에 뿌리를 둔 업장이라는 점이 이를 반증한다. 수준 높은 메밀 면을 논할 때 장원막국수 계열의 업장들이 공식처럼 입에 오르내리는데, 이들이 선보이는 면의 질감과 중후함은 많은 식당들의 롤 모델이 되고 있다.

가성비 좋은 가격대 또한 고기리막국수의 큰 강점이다. 기본적인 양은 조금 적은 듯하나 반 가격에 추가 막국수를 주문하면 동일한 한 그릇을 더 맛볼 수 있다. 어린이 막국수 메뉴는 말 그대로 어린이용으로 무료 제공되는 메뉴다. 마케팅을 고려한 메뉴로 보이지만, 가족 단위 손님이 많은 특성상 식당의 호감도를 높이는 요소가 된다.
인기 있는 식당인 만큼 엄청난 웨이팅을 감수해야 하지만 식당 분위기와 음식 맛은 이러한 고단한 웨이팅을 잊게 하기에 충분하다. 현재 전국에서 가장 성업하는 면 요리 전문점으로, 평양냉면이라는 타이틀을 떼고서라도 면 요리를 좋아하는 식객들은 반드시 맛보아야 할 곳이다.

들기름 막국수에 가려졌지만 모든 메뉴가 평균치 이상의 만족감을 선사한다.
특히 물막국수의 완성도는 현재 유명세를 타고 있는 평양냉면 집들과 비교해도 손색없을 정도다.

교동면옥

사찰음식처럼 담백한

교동면옥은 분당선 오리역에서 마을버스로 방문할 수 있다. 평범한 동네의 아파트 단지 인근에 있는 소박한 식당이다. 지금은 '만화가'라는 타이틀보다 '식객'으로 불리는 것에 더 익숙해진 맛잘알 허영만 선생님이 다녀간 집으로 한동안 유명세를 탔다. 많은 식당들이 문을 닫았던 팬데믹 동안에도 이곳은 방문객의 발길이 끊이지 않았다. 내실 있는 식당임에도 불구하고 낮은 인지도가 의아하다.

교동면옥은 요즘 유행하는 감칠맛 강한 평양냉면의 흐름을 따르지 않는다. 고기 육수 본연의 잔잔하지만 기품 있는 육수에 메밀의 풍미를 가미시켰다. 풍미가 한 번에 확 퍼지지 않지만 음미할수록 담백하고 식재료가 조화롭게 어우러진다. 고기 육수이긴 하나, 식재료 본연의 맛을 오롯이 느낄 수 있다는 점에서 사찰 음식이 떠오른다. 평양냉면 중에서도 간간함의 정도가 평균 이상이다. 평냉 입문자나 풍부한 육향을 원하는 평냉족들에게는 불호일 확률이 크다. 그러나 식재료의 질, 혹은 자연에 가까운 순수함에 초점을 맞추는 사람들이라면 좋

주소 경기 용인시 기흥구 마북로 135
주요메뉴 냉면(평양·비빔) 10,000원, 특 냉면(평양·비빔) 13,000원, 한우국밥 10,000원, 돼지수육·냉제육 16,000원, 물만두 4,000원

아할 수밖에 없다. 면은 메밀함량이 75%로 명시되어 있지만 그 이상 사용되었다고 느낄 만큼 메밀향이 풍부하다.

정성스런 음식에 비해 마케팅이 잘 이루어지지 않아 아쉬움이 남는다. 동일 상호명의 큰 식당이 이미 존재하여 온라인 검색으로도 찾기가 쉽지 않다. 실질적인 업장 운영과 함께 전략적으로 온라인 홍보를 펼쳐 경기 남동부 권역 미식가들의 발걸음을 유도할 수 있기를 바란다.

고기 육수 본연의 잔잔하지만 기품 있는 육수에 메밀의 풍미를 가미시켰다. 음미할수록 담백하고 식재료가 조화롭게 어우러진다. 식재료 본연의 맛을 오롯이 느낄 수 있다는 점에서 사찰 음식이 떠오른다.

장안면옥

안성본점

안성이 담긴 한 그릇,
로컬푸드의 결정체

주소 경기 안성시 중앙로371번길 54

주요메뉴 냉면·비빔냉면·함흥식냉면·함흥냉면 10,000원, 코다리냉면 11,000원, 수육무침삼합냉면 28,000원, 제육무침삼합냉면 25,000원, 한우뚝배기불고기 10,000원, 녹두빈대떡 10,000원, 만두 8,000원

경기 남서부 권역은 방문할 기회가 없어 늘 아쉬운 곳이다. 같은 경기도지만 지역색이 달라 공기마저 낯설게 느껴진다. 장안면옥은 본점보다 타지역의 분점으로 먼저 방문할 기회가 있었는데 맛을 보고 도대체 왜 사람들의 입에서 오르내리는 건지 의구심을 가진 적이 있었다.

지극히 개인적인 경험에 따르면, 함흥냉면과 평양냉면을 동시에 제공하는 곳은 보통 두 맛 모두 이도 저도 아니었다. 여태껏 방문했던 집들이 한 치의 오차도 없이 그러했다. 지난 일이야 어찌 됐든, 안 좋은 기억들을 일단 접고, 진짜 '장안면옥'의 평양냉면 맛을 보러 본점으로 출발한다.

장안면옥은 안성 토종 브랜드로 이곳에서 3대째 운영 중이다. 한경대학교 인근 연지동에 있다. 장안면옥은 평양냉면 붐이 불며 인지도가 크게 상승했다. 사장님의 자부심 넘치는 냉면 사랑은 여러 매스컴에 오르내리며 사람들의 이목을 집중시켰다. 몇 년 전에는 안성 스타필드에 입점하는 영광을 누렸다.

육수는 경기 남서부 지역의 풍미가 고스란히 묻어있다. 사태와 양지를 가마솥에서 5~6시간 우린 후 동치미를 섞어 완성한다. 풍미는 동일한 권역에 있는 평택 고복수냉면과 비슷하다. 서울식 평양냉면보다 찡한 감칠맛이 강한 것으로 보아 고기 육수보다 동치미의 비율이 높아 보인다.

파채와 고추채는 경기 남서부권역 평양냉면의 특

파채와 고추채는 경기 남서부권역 평양냉면의 특징 중 하나다. 일상에서 자주 접하는 식재료라서 대수롭지 않게 여기기 마련이지만, 냉면처럼 은은하고 간결한 음식은 고명 하나만으로도 맛 또는 밸런스에 큰 영향을 받는다.

징 중 하나다. 장안면옥은 기호에 따라 첨가해 먹을 수 있도록 고추채 고명을 테이블에 따로 마련해 둔다. 파채와 고추채는 일상에서 자주 접하는 식재료라서 대수롭지 않게 여기기 마련이지만, 냉면처럼 은은하고 간결한 음식은 고명 하나만으로도 맛 또는 밸런스에 큰 영향을 받는다.

면은 찰기가 있고 굵은 편이다. 전분 비율이 그리 높지 않지만 달큰한 육수와 쫀득한 면의 합이 청량하고 경쾌하다. 서울식이 진지하고 중후하다면 경기 남서부식은 발랄하달까. 이 지역 대표 맛집들의 공통된 느낌이기도 하다.

유기그릇은 일종의 평양냉면 공식과도 같은 존재다. 장안면옥을 비롯해 많은 평양냉면 전문점들이 유기그릇에 냉면을 담아낸다. 그러나 장안면옥의 유기그릇은 식기를 넘어 또 다른 의미를 갖는다. 만족스런 제품이란 뜻의 '안성맞춤'이 바로 이곳 안성, 그중에서도 안성 유기그릇에서 유래되었다. 안성 유기그릇에 담긴 안성을 대표하는 평양냉면은 확고한 로컬 콘텐츠를 담고 있다. 안성의 문화 정체성이 냉면 한 그릇으로 오롯이 표현된다. 이보다 더 확고한 문화 콘텐츠가 또 있을까.

서경도락(논현점)

청석정

필담면옥

을지면옥

고덕면옥

금왕평양면옥

무삼면옥

서경도락

논현점

새벽 평냉 수혈
응급실

개인적으로 폐업이 가장 아쉬운 곳 중 하나다. 24시간 맛볼 수 있는 평양냉면의 특별함은 나에게 선물 그 이상이었다. 새벽에 냉면을 먹을 수 있다는 점이 매력적이었고 음식의 질이 좋은 편이었다. 장점만 있고 뭐 하나 빠지는 구석이 없었다.

대부분의 음식이 마찬가지겠지만, 자정을 넘긴 시장한 시각에 먹는 냉면은 그 어느 냉면보다 훨씬 더 맛있게 느껴진다. 평냉을 사랑하는 올빼미족들에게는 아무리 늦은 새벽이라도 웨이팅 없이 양질의 냉면을 먹을 수 있는 서경도락은 축복 그 자체였다. 게다가 취향에 따라 일반면과 순면을 골라 먹을 수 있으니 참으로 황송하기까지 했다.

서경도락은 양질의 한우를 제공하는 소고기 맛집으로 인근에서는 명성이 자자했다. 한우가 메인이지만 냉면 맛도 무척 좋아 평냉족들의 발걸음이 끊이지 않았다. 방향성과 메뉴 구성이 봉피양과 무척 비슷했는데, 부담 없는 가격대를 내세워 합리적인 소비를 추구하는 식객들에게 눈도장을 확실하게 찍었다.

예전에는 고기를 메인으로 하는 식당들은 대개 맛이 덜한 보급형 냉면을 제공하는 경우가 많았다. 상대적으로 주요 메뉴에 역량이 집중되어 있는 것이 가장 큰 이유고, 오너의 입장에서도 냉면은 고기와 함께 먹는 후식의 개념이 강했기 때문이다. 하지만 봉피양을 시작으로 이러한 고정 관념이 조금씩 깨져 배꼽집 등의 고깃집을 필두로 냉면 전문 식당들 못지않은 높은 수준의 냉면을 제공하면서 인식의 변화가 생겼다. 서경도락은 그 틀을 깨는 식당 중 하나였다. 메인이 고기라는 점과 수준 높은 냉면으로 입소문이 난 식당이라는 점을 기준으로 보면 봉피양, 배꼽집, 서경도락은 한 카테고리에 묶여야 한다.

서경도락 육수는 한우 양지와 닭을 우려 만들었는데, 간간하지만 은은하게 퍼지는 고급스러운 육향은 흠잡을 데가 없었다. 뭐니뭐니 해도 이 집의 최고 매력은 면 퀄리티였다. 날마다 편차는 있지만 전반적으로 평균 이상의 식감과 풍미를 유지했다.

납득할 수 있는 가격대와 시간 제약 없이 맛볼 수 있는 냉면이라는 엄청난 장점이 존재하므로 다른 어떤 식당들보다 풍부한 만족감을 제공했던 식당이다. 고깃집으로는 대중들의 충성도가 느껴지지만, 냉면집으로만 볼 때는 엄청난 네임 밸류를 지닌 곳들이 많아서인지 완성도에 비하여 선호도가 덜한 느낌이 있었다. 냉면만으로도 충분히 유명해져도 괜찮은 집이었으나 폐업으로 사라져 아쉬움이 남는다.

최근 성수동에 새로운 서경도락이 오픈했다. 차이점이 존재하겠지만 논현점에서 느꼈던 좋은 기억이 새로운 곳에서도 이어졌으면 좋겠다.

청석정

**경기도 광주의
유일한 평양냉면**

경기도 광주를 통틀어 하나뿐인 평양냉면 식당이었다. 식당 앞에는 경안천이 흐르는데 그 둔치의 청석공원에서 상호명을 따왔다. 배산임수 기운이 느껴지고 가게 터가 매우 쾌적한 곳이었다. 의도한 건 아니지만 개업 초부터 3~4개월에 한 번씩 방문한 덕분에 냉면 맛이 자리를 잡아가는 과정을 시기별로 고스란히 체험할 수 있었다.

평양냉면 신생 업장들은 체인점이 아닌 이상 개업 초부터 1년간 여러 시행착오를 겪으며 자리를 잡아간다. 맛과 스타일의 기복이 심한 시기라 이때 방문한 사람들의 평 또한 제각각인 경우가 많다. 그래서 신생 업장들은 귀 닫고 직접 맛보러 가는 것이 속 편한 경우가 제법 있다.

한 번 방문한 식당은 다시 방문하지 않는다는 원칙을 고수하는 사람들을 많이 본다. 하지만 평양냉면은 베테랑 냉면집이라 하더라도 그 날 그 날의 날씨 변화가 면 컨디션에 고스란히 드러나는 경우가 많다. 개인적으로 텀을 두고 꾸준히 방문해야만 그 식당의 특징을 정확히 파악할 수 있다고 생각한다. 평양냉면은 대중들에게 정보를 전달하기에 변수가 너무 많은 음식이기에 사전 답사자의 평균치를 파악하여 자신의 경험에 대입한 정보를 정리하는 것이 가장 정확하다.

이러한 부분을 설명하는 데 있어 청석정은 매우 적절한 곳이었다. 개업 초 무척 간간한 육수를 지향

평양냉면 불모지인 경기도 광주에서 평양냉면을 맛볼 수 있는 곳이었다. 개업 초반부터 폐업 시기까지 매우 근사한 육수를 만들어 냈다. 순면은 메밀 향이 약하지만 씹을수록 고소한 풍미가 퍼지고 꽤 찰기가 있는 면이었다.

했으나 염도와 육향이 충분히 느껴지는 육수로 변화했다. 개인적으로는 아주 큰 변화라고 느껴진다. 스타일은 크게 달라졌지만 개업 초반부터 폐업 시기까지 매우 근사한 육수를 만들어 냈다. 그래서 청석정의 폐업이 더욱 아쉽게 느껴진다. 청석정은 기본적으로 순면을 제공했다. 메밀 향이 약하지만 씹을수록 고소한 풍미가 퍼지고 순면임에도 꽤 찰기가 있는 면은 청석정만의 매력을 표현하기에 충분했다. 육수와 면 모두 전체적으로 평균 이상의 맛을 선보였으며 평양냉면 불모지인 경기도 광주에서 무척 괜찮은 수준의 평양냉면을 맛볼 수 있는 곳이었다.

경기도 광주는 20분만 나가면 분당, 판교, 서울 등 맛집들이 즐비한 대도시에 가려져 있다. 이곳 거주자들은 직업을 비롯해 외식을 포함한 문화생활 거의 모든 부분을 인근 도시에서 해결한다. 지리적 특성상 상대적으로 낙후될 수밖에 없는 곳에서 마니악한 평양냉면 식당을 꾸려가는 것이 모험이나 다를 바 없었겠지만, 근 3년이나 되는 시간을 고군분투하며 수준 높은 냉면을 제공했던 청석정에게 진심어린 감사와 아쉬운 마음을 전하고 싶다.

필담면옥

상호명을 지켜나가는 담백함

우연히 개업 바로 전날 방문하여 더욱 기억에 남는 곳이다. 여러 이유로 방문 세 번 만에 냉면을 맛볼 수 있었던 업장으로 분당 효자촌 먹자골목에 자리 잡고 있었다.

냉면 좀 씹는 사람들은 이제 모두들 알 법한 평양냉면의 시그니처 사자성어 '대미필담'에서 상호명을 따왔다. 몇 년 전까지만 해도 분당 미금역에서 이북 음식 전문점으로 꽤 괜찮은 평을 유지했던 리북냉면이 확장 이전한 업장이다.

지금이야 분당에 상당히 많은 이북 음식 전문 식당들이 생겼지만, 필담면옥이 리북냉면으로 운영되던 시기에는 분당권에서 체인이 아닌 개인이 운영하는 평양냉면 업장으로는 유일했다. 그만큼 단독 업장으로 냉면을 비롯하여 다른 메뉴들 역시 충분한 자부심으로 운영할 만한 수준이었기에 필담면옥으로의 새로운 시작은 사장님의 의지와 자신감이 엿보이기도 했다.

이 집의 냉면은 눈가루처럼 잘게 썬 파를 뿌려주는 것이 특징이다. 양지를 우려낸 육수는 간간하고 라이트하다. 가게 이름과 딱 맞는 스타일이다. 독특한 점은 옅게 퍼지는 육향에 약간의 산미가 더해져 독특한 육수 맛을 내는 것이다. 현재 유행하는 묵직한 육향과는 다소 차이가 있지만, 필담면옥만의 오리지널리티를 뚝심 있게 고수하는 자신감이 느껴졌다.

겨울철에는 100% 메밀 면으로 제면한 순면을, 여름철에는 메밀 80% 함량의 혼합 면을 사용했다. 아마도 습도 때문이었을 텐데, 면 퀄리티를 유지하는 노하우이기도 했다. 날을 잘 맞춰 가면 최상의 면을 경험할 수 있었다.

개인적으로 필담면옥 사장님께는 일종의 신뢰가 있었다. 흐린 날 방문하여 면 컨디션이 다소 덜한 느낌이 들면, 아니나 다를까 주방에서 사장님이 직접 나와 오늘은 면이 잘 뽑히지 않은 것 같으니 다음에 꼭 다시 방문해 달라고 거듭 당부하셨다. 만드는 음식에 대한 소신과 철학 그리고 정직함이 모두 포함된 소통이라는 생각에 왠지 모를 믿음이 갔다.

이 집의 만두는 나의 극호 메뉴였다. 손이 많이 가고 인건비, 단가가 높다는 이유로 왕만두 스타일의 기성품 만두를 사용하는 경우들이 종종 있다. 유명한 비빔국수 체인에 납품되어 접할 기회가 많은 만두인데 몇 번 맛보면 바로 알아차릴 수 있다. 필담면옥 만두는 기성품 만두와 외형이 매우 흡사하나 맛을 보면 고기, 숙주 등의 만두소를 꽉 채운 전형적인 이북식 손만두라는 것을 확인할 수 있었다. 만두 역시 필요한 정도의 간만 한 듯하며, 여타의 업장보다 담백함과 재료의 풍미를 확실히 느낄 수 있었다.

상호의 정체성을 음식으로 잘 표현하는 식당이었다. 조미료와 강한 염도에 거부감이 있는 사람, 건강한 음식을 선호하는 사람들이라면 분명 만족감이 높았을 식당이었건만 폐업 소식이 한없이 아쉽다.

을지면옥

**필동면옥과 함께하는
의정부 계열의 서울 지킴이.
다음을 기약하며, 커밍 순**

을지로3가역 5번 출구로 나와 공구상가 쇼윈도를 1분 정도 지나면 알록달록한 현판 사이로 '을지면옥' 간판을 볼 수 있었다. 낡은 흰색 철판에 쓰여진 궁서체에는 매우 근엄함이 묻어 있는데 세월을 머금은 기운이 범상치 않았다. '면옥'이라는 글자를 유심히 보지 않으면 식당보다는 쇠 파이프를 절삭하는 오래된 공업사의 느낌에 가까웠다. 지금은 재개발로 인해 식당이 철거된 상태이며 휴업 중이다. 언제, 어느 곳에 다시 생길지 모르는 상황이다. 필자를 비롯하여 수많은 평양냉면 마니아들은 조만간 개업 소식을 들을 수 있을 것이라는 기대감을 가지고 있다.

을지면옥은 서울에서 필동면옥과 함께 의정부 계열 평양냉면을 가장 잘 구현한 식당이다. 직계 가족이 운영하는 식당답게 의정부의 본점을 빼다박았다.

을지면옥은 서울의 평양냉면 1세대 식당으로 우래옥, 필동면옥, 평양면옥(장충동)과 함께 가장 유명한 노포다. 평양냉면은 못 먹어 봤어도 분명 을지면옥이라는 이름을 들어본 사람은 많을 것이다. 2010년 전후 즈음만 해도 유행을 만들어가는 젊은이들이 모이는 곳은 마포(홍대) 상권이었다. 적어도 나의 기준에서는 당시 마포(염리동)에 자리 잡은 을밀대 본점은 힙스터들 중에서도 한발 더 앞서가는 젊은이들이 오가던 곳으로 기억한다. 한 때 '힙한 음식=을밀대 평양냉면'의 공식이 성립하던 때가 있었다. 이때까지만 해도 을지면옥은 젊은이들 사이에서 인기 있는 식당보다는 실향민들과 중구 토박이들의 소울 푸드를 제공하는 곳이었지만, 10년의 세월 동안 그 위상은 매우 달라졌다.

홍대 상권이 젠트리피케이션으로 대기업 프랜차이즈 거리로 변질될 때 홍대에 거주하던 예술가들은 상대적으로 임대료가 적은 문래, 성수, 을지로 등을 택했다. 그 중 을지로는 약 5년 전부터 '뉴트로'(뉴+레트로의 합성어)라는 이름으로 새로운 유행을 이끌어가는 가장 뜨거운 장소로 거듭났다. 게다가 북한과의 평화 무드가 형성되던 시기를 기점으로 평양냉면이라는 미지의 음식은 대중들의 호기심을 최고조로 자극했다. 을지로와 평양냉면, 최고로 핫한 두 콘텐츠가 합쳐지면서 상호명부터 을지면옥인 이곳은 말 그대로 떡상하게 되었다.

최근 20~30대 사이에서 '평양냉면은 을지면옥 미

최근 20~30대 사이에서
'평양냉면은 을지면옥 미만 잡'이라는
우스갯소리도 생겼다.
뭐 그렇게까지 표현하나 싶겠지만
그만큼 젊은이들 사이에서 을지로와
을지면옥이 대세였다는 증거 아니겠는가.

만 잡'(을지면옥 수준 아래의 식당은 잡다하게 인정해주지 않음.)이라는 우스갯소리도 생겼다. 뭐 그렇게까지 표현하나 싶겠지만 그만큼 젊은이들 사이에서 을지로와 을지면옥이 대세였다는 증거 아니겠는가. 파급력에는 차이가 있지만 10년 전 을밀대가 풍겼던 '트렌드 세터'의 이미지가 자연스럽게 을지면옥으로 옮겨 갔다.

기가 막히게 맞물린 시대의 흐름이 을지면옥의 유명세에 기여한 것은 사실이지만, 그것을 떡상 이유의 전부로 보기에는 무리가 있다. 을지면옥은 서울에서 필동면옥과 함께 의정부 계열 평양냉면을 가장 잘 구현한 식당이다. 직계 가족이 운영하는 식당답게 의정부의 본점을 빼다박았다. 육수와 면의 디테일한 차이는 분명 존재하지만 마니아들 중에서도 그 차이를 두고 문제 삼는 사람이 몇이나 될지 의문이다.

을지면옥은 다른 식당들이 흉내 내지 못하는 의정부 계열 특유의 그윽함이 살아 있는 냉면을 선보였다. 개인적으로 을지면옥 육수를 좋아하는 이유는 마시고 난 후 육향이 입안 가득히 퍼지는 쾌감 때문인데, 우래옥과 함께 입안 한가득 그윽한 여운이 가장 길게 남는 육수 중 하나다. 전반적인 맛에 있어서도 젊은이들이 이해할 수 있는 범위의 육향과 면의 밸런스가 잘 들어맞기 때문이 아니었을까.

을지면옥 덕에 의정부 계열 평양냉면의 진짜 맛을 보려고 굳이 의정부까지 갈 필요가 없었다. 을지면옥, 필동면옥 중 가까운 곳을 선택해서 간다고 해도 의정부 계열의 참맛을 느낄 수 있으니 일단 발길 가까운 쪽으로 움직이면 되었다. 이제 우리는 최선의 대안으로 필동면옥으로 가야 한다.

을지면옥의 재개업이 언제일지는 모르나 손꼽아 기다리는 사람들이 많다. 전처럼 완벽한 노포의 분위기는 상당 부분 희석될 테지만, 재개업 소식 자체만으로도 을지면옥을 좋아하는 사람들에게는 큰 선물일 것이다.

고덕면옥

**마니아 중
마니아를 위한 냉면**

상호대로 고덕동에 자리를 잡았던 식당이다. TV 프로그램 <생활의 달인>에 냉면 장인이 운영하는 식당으로 방송되면서 냉면계에 꽤 핫하게 데뷔했다. 방송 후 이틀 동안 초록창 실시간 검색어 1~2위에 오르내렸고 그 홍보 효과를 톡톡히 누리며 평냉 마니아들은 반드시 가봐야 하는 집으로 각인됐다. 방송에서 냉면에 대한 확고한 철학을 가진 사장님의 모습이 꽤 임팩트 있게 표현됐다.

일반면과 순면이 마련되어 있었고 비빔냉면은 가격이 조금 더 비쌌다. 그동안 접했던 면 중 가장 굵은 면발이었다. 정인면옥의 면도 굵은 편에 속하는데 그보다 굵은 면이었다. 약간 덜 익힌 듯 꼬들하게 툭툭 끊어지는 면발은 메밀 향을 풍부하게 머금고 있었다.

육수는 먹자마자 평냉을 자주 접하는 사람들도 한 번에는 이해하기 조금 어렵겠다는 생각이 드는 풍미였다. '슴슴'과 '밍밍'의 어려운 선택에 직면한다. 슴슴과 밍밍의 의미는 유사하지만 근본적으로 각각의 뉘앙스에서 긍정과 부정의 느낌이 공존한다. 고덕면옥 냉면을 '슴슴'으로 표현하는 대중들이 '밍밍'보다 많으면 업장이 오래 유지될 것이고, 그렇지 않을 경우 대중의 입맛에 맞춰 조리법이 변하거나 자신의 레시피를 지킬 경우 업장의 유지가 무척 어려울 수 있을 것이라 생각했다. 아무래도 대중들에게는 '밍밍'의 느낌이 더 강했던

고덕면옥은 자신의 정체성을 대쪽같이 지키는 방법을 선택했다. 평양냉면의 다양성과 성장을 위해서라도 고덕면옥 같은 식당이 반드시 존재해야 한다고 생각했건만, 현실적인 어려움을 극복하지 못해 참으로 아쉽다.

모양이다.

최근 역사가 오래된 평양냉면 식당들의 간이 점점 세지는 현상도 이러한 이유 때문이다. 콧대 높은 1세대 업장들도 소비자들의 니즈를 반영하고 있다. 대부분의 신생 업장들 역시 꿋꿋하게 곤조를 지키기보다 이해할 수 있는 범위 내에서 대중들과 서로의 눈높이를 맞춰 나가고 있다.

고덕면옥과 무삼면옥은 자신의 정체성을 대쪽같이 지키는 방법을 선택했다. 문화도 음식도 다양성이 사라지면 도태된다. 적절한 예가 될지 모르겠으나 프랜차이즈 빵집의 선전은 전통 있는 마을의 제과점을 모두 사라지게 했다. 그만큼 소비자들의 선택의 폭이 좁아져 다양하게 즐길 수 있는 기회가 사라졌다. 평양냉면의 다양성과 성장을 위해서라도 고덕면옥 같은 식당이 반드시 존재해야 한다고 생각했건만, 현실적인 어려움을 극복하지 못해 참으로 아쉽다. 평냉 마니아들에게 독특한 식감과 신선한 충격을 안겨줄 수 있는 곳이었는데 말이다.

금왕평양면옥

**패기와 자부심을 바탕으로 선전한
방이동의 또 다른 강자**

금왕평양면옥은 최고의 인지도를 자랑하는 봉피양 본점과 불과 이삼백 미터 정도 떨어진 거리에 호기롭게 개업했다. 금왕평양면옥을 꼭 맛보아야겠다는 일념 없이는 평냉족들의 발걸음은 봉피양으로 향할 확률이 무척 높았다. 인지도부터 상권의 위치까지 봉피양에게 주도권이 많아 보이는 조건이었다. 장소 선정이 매우 의아한데 달리 생각해보면 그만큼 맛에 자부심과 확신이 있다는 것 아니었을까. 사장님의 절치부심 승부수가 느껴졌다. 그 어려운 자리에서 꽤 오랜 시간 동안 굳건히 자리를 지키며 존재를 과시했다. 아이러니하게도 팬데믹마저 이겨내고서 폐업했다. 갑작스러운 소식이었다.

금왕평양면옥은 평양냉면이 유행하기 아주 이전부터 일산 주민 누구나 아는 로컬 맛집이었다. 아무런 내공 없이 봉피양 5분 거리에 호기롭게 평양냉면 식당을 개업하는 배포가 나올 수 있겠는가. 봉피양에 주눅 들지 않았던 가장 큰 이유다. 거점지를 서울로 바꾸면서 이전의 스타일을 과감히 버리고 평양식으로 도전장을 냈다. 고향에서 짱 먹고 더 큰물로 뛰어들어 자수성가하는 드라마 주인공이 오버랩되는 순간이다.

역시 냉면에서 내공이 느껴졌다. 육수는 간이 약하지만 육향이 풍부했고 감칠맛보다 그윽한 고기 향에 초점을 맞춰 음미하면 이 집 냉면의 고급스러움을 파악할 수 있었다. 육수의 뒷맛을 알게 될 때 느껴지는 맛있음이었다.

순면을 제공하는 몇 안 되는 집이다. 다른 식당들보다 면의 두께가 조금 두꺼운 순면은 식감을 살려준다. 제면 상태가 좋은 날에는 메밀 향이 충분히 올라와 육수와 괜찮은 조화를 이룬다. 메밀 향이 강해지면 육수의 은은함을 반감시킬 것 같지만 매우 조화로운 밸런스를 유지한다. '슴슴'하다는 평양냉면의 표현이 꼭 들어맞는 잘 만든 냉면이다.

찬으로는 얼갈이 짱아찌가 나오곤 했는데 배꼽집과 너무 비슷해 깜짝 놀랐던 기억이 있다. 누가 먹어도 새콤달콤 자극적이지만 맛있는 찬이다. 간간한 냉면이 익숙치 않은 사람들은 얼갈이 짱아찌를 함께 먹으면 또 다른 맛을 느낄 수 있었다.

선전하고 있는 식당의 갑작스러운 폐업소식 만큼 당황스러운 것이 또 있을까. 배포 두둑한 느낌의 식당 폐업 소식이라 더 그런지 모르겠다. 새로운 곳에서 또 다른 시작을 준비를 하고 있다는 소식을 들을 수 있기를 바란다.

아무런 내공 없이 봉피양 5분 거리에 호기롭게 평양냉면 식당을 개업하는 배포가 나올 수 있겠는가. 고향에서 짱 먹고 더 큰물로 뛰어들어 자수성가하는 드라마 주인공이 오버랩되는 순간이다.

무삼면옥

일단 보약이라 생각하고 먹어보자

한국인들이 꺼리는 세 가지(조미료, 색소, 설탕)를 음식에 넣지 않고 '세 가지가 빠졌다'라는 의미를 담아 '무삼면옥'으로 상호명을 정했다. 하지만 맛도 함께 사라졌다는 이유로 개중에는 '무사면옥'이라 칭하는 사람들도 있었다. 물론, 맛이 없다는 것이 아니라 무미(無味)의 의미로 말이다.

무삼면옥은 어느새 평냉 최고의 미덕으로 자리 잡은 밍밍함을 기준으로 하면 정점이었다. 평양냉면을 많이 먹어봤다는 사람들도 이 집 냉면을 처음 접하면 당황할 수밖에 없었다. 솔직하게 말하자면, 이 집의 물냉면 맛을 평하며 '미식의 끝'과 같은 느낌의 극찬을 하는 사람들에게 큰 거부감이 들었다. 그런 류의 '맛있다'라는 표현이 적절하지 않기 때문이다. 굳이 칭송을 하고 싶다면(물냉면을 기준으로) '맛있다'보다는 '매력적이다'라는 표현이 훨씬 적절하다는 생각이 들었다.

여름철 보양식이라면 생각만 해도 땀이 나는 사람들이 있다. 곰탕, 삼계탕처럼 푹푹 삶아대는 보양식이 헤비하고 부담스럽게 느껴진다면, 여름 보양식으로 무삼면옥의 라이트한 냉면 한 그릇을 추천하곤 했다. 나쁜 건 다 빼고 좋은 것만 넣어 정성으로 만든 냉면 한 그릇은 최고의 보양식이었다.

소고기 육수에 고명으로 느타리와 석이버섯이 올라간다. 육수를 아무리 꿀떡꿀떡 마셔 봐도 아무 맛이 나지 않지만, 천천히 음미해 보면 그 약수 같

이 집의 물냉면 맛을 평하며 '미식의 끝'과 같은 느낌의 극찬을 하는 사람들에게 큰 거부감이 들었다. 그런 류의 '맛있다'라는 표현이 적절하지 않기 때문이다.

은 육수에서 재료들의 살가운 맛들이 미세하고 은은하게 퍼지는 진귀한 경험을 할 수 있었다. 끝맛은 살짝 감칠맛이 돌며 단맛도 느껴진다. 어디서도 만날 수 없는 유니크한 육수였다. 면은 개인적으로 극호였다. 메밀의 질감과 풍미가 입안 가득 풍부하게 퍼지는 면은 손에 꼽을 만했다. 음식계의 자타공인 '볼매' 평양냉면 세계에서도 정말 많이 만나러 가야 매력을 슬쩍 비춰주는 최고로 도도한 첫사랑 맛 냉면이 바로 이 무삼면옥의 물냉면 되겠다. 거짓말 같지만, 이 미묘한 매력에 침이 고일 때가 있는데 스스로도 당황스럽다. 다시 말하지만 맛이 없는 것이 아니라 무미의 음식 그 자체였다.

사랑해, 평양냉면

지은이 홍현규

초판 1쇄 발행일 2023년 7월 10일

기획 및 발행 이민
편집 이다혜
교정·교열 윤글
디자인 강주희
인쇄 정우미디어

발행처 normmm
출판등록 제2020-000223호
주소 서울시 마포구 연남로5길 32, 202호
이메일 studio.normmm@gmail.com
홈페이지 www.normmm.co.kr

ISBN 979-11-974179-8-6 13980

* 본서의 내용은 2023년 6월 기준으로 작성하였습니다.
메뉴 가격, 상호 등은 업체 상황에 따라 달라질 수 있습니다.